# 多糖的研究及临床应用

陈佳玉　褚智恒　柯瑞君　著

ZHEJIANG UNIVERSITY PRESS
浙江大学出版社
·杭州·

**图书在版编目(CIP)数据**

多糖的研究及临床应用 / 陈佳玉,褚智恒,柯瑞君
著. --杭州:浙江大学出版社,2023.3
ISBN 978-7-308-23021-6

Ⅰ.①多… Ⅱ.①陈… ②褚… ③柯… Ⅲ.①多糖－
研究 ②多糖－临床药学 Ⅳ.①Q539 ②R977.6

中国版本图书馆 CIP 数据核字(2022)第 165261 号

**多糖的研究及临床应用**

陈佳玉　　褚智恒　　柯瑞君　　著

| | |
|---|---|
| 责任编辑 | 傅百荣 |
| 责任校对 | 梁　兵 |
| 封面设计 | 周　灵 |
| 出版发行 | 浙江大学出版社 |
| | (杭州市天目山路 148 号　邮政编码 310007) |
| | (网址:http://www.zjupress.com) |
| 排　　版 | 杭州隆盛图文制作有限公司 |
| 印　　刷 | 广东虎彩云印刷有限公司绍兴分公司 |
| 开　　本 | 710mm×1000mm　1/16 |
| 印　　张 | 9.75 |
| 字　　数 | 210 千 |
| 版 印 次 | 2023 年 3 月第 1 版　2023 年 3 月第 1 次印刷 |
| 书　　号 | ISBN 978-7-308-23021-6 |
| 定　　价 | 48.00 元 |

# 内容简介

　　本团队近十年来一直致力于无明显毒副作用的植物多糖（如青蒿多糖、栀子多糖、大枣多糖、白扁豆多糖、芹菜多糖、甘草多糖、青背天葵多糖等）的提取、鉴定、剂型研发、功能和应用的实验研究，证实了多糖具有增强免疫力、抗肿瘤和抗病毒感染的作用，并分析了多糖作用的相关分子机制。

　　本著作结合本团队的研究工作，在对多糖进行简单介绍，并详述多糖的含量测量、纯度分析、相对分子质量测定、结构鉴定的实验方法，总结多糖已证实的功能和应用，分析多糖应用的发展前景的基础上，根据本团队近几年的实验研究，论述了植物多糖抗淋巴瘤和抗病毒感染的作用、相关机制及植物多糖用药剂型研究结果，同时附以多糖相关杂志和多糖相关专利，以期为将来进一步开展关于多糖的实验研究和实际应用提供实验参考。

# 目录
## *C*ontents

## 第一篇　多糖的前期研究基础

# 第二篇　多糖的实验研究

# 第一篇
# 多糖的前期研究基础

# 第一章　多糖概述

## 一、糖的研究史

糖已有几千年的研究史,最早人们曾从甘蔗和甜菜中通过压榨法提取出有甜味的糖,并利用谷物和葡萄中的糖发酵酿酒。1812 年俄国化学家基尔霍夫就从葡萄中提取出了葡萄糖。其后,1819 年法国科学家布拉孔诺从木屑和亚麻等中得到了葡萄糖,并提出论证,称糖由 C、H、O 元素组成,且基本结构为 $C_6H_{12}O_6$,通过此基本结构提出了碳水化合物的通式为 $C_m(H_2O)_n$;1855 年 Clauder Bernard 证实"肝的原样物质"是葡萄糖的一种储藏形式;1902 年德国化学家埃米尔·费歇尔(Emil Fischer)确定了多种六碳糖结构,为近代多糖研究史奠定了坚实的基础,因此埃米尔·费歇尔被称为"糖化学之父",同时他因在糖的结构、嘌呤衍生物及肽等方面的成就荣获当年的诺贝尔化学奖。1923 年 M. Heidelberger 和 T. Oswald 指出,细菌抗原不是由蛋白质组成,而是由糖类物质组成,颠覆了人们一直持有的蛋白质构成抗原的观念。1936 年,Shera 研究发现多糖有抗肿瘤的作用。1937 年英国化学家瓦尔特·哈沃斯(Walter N. Haworth)把糖类转化为甲基醚的方法用于鉴定糖分子中产生闭环的关键点,确定了多种糖的立体结构。瓦尔特·哈沃斯因在糖化学和维生素方面的研究成就在 1937 年获得了诺贝尔化学奖。1969 年千元郎首次从香菇实体中分离出抗肿瘤的多糖(lentinan,LNT)。1988 年 Dwekrademache 和 Parekh 首创"糖生物学(glycobiology)"。2003 年美国 *Technology Review* 中的文章指出,在基因组学和蛋白质组学之后,糖组学(glycomics)方面的研究将有望取得突破性的进展。

## 二、多糖结构及分类

### (一)多糖的结构

多糖(polysaccharide)为由十个及以上的单糖经糖苷键共价连接形成的大分子聚合物,也叫作多聚糖,其通式为$(C_6H_{10}O_5)_n$。其中由相同的单糖组成的多糖称为同多糖;以不同的单糖组成的多糖称为杂多糖。多糖的水溶性不高且不具有甜味,无变旋现象和还原性,可以被水解,并且是逐步进行的,经过一系列的中间反应,最终可完全水解成单糖。不同多糖的相对分子质量有很大差异,从几万到几千万不等。各单糖间以苷键相连接,最常见的苷键有α-1,4-苷键、β-1,4-苷键和α-1,6-苷键。多糖中包含的直链一般以α-1,4-苷键和β-1,4-苷键连接构成,支链中链与链的连接则大多是通过α-1,6-苷键。

### (二)多糖的分类

多糖主要是按其组成特点、来源和生理功能进行分类。

1.按组成特点分类

根据多糖的组成和特点的不同,可将多糖分成均一多糖、不均一多糖、黏多糖和糖复合物四类。均一多糖由一种单糖缩合而成,如淀粉、糖原、纤维素、戊糖胶、木糖胶、几丁质等。而不均一多糖则是由不同类型的单糖构成,如肝素、透明质酸和多种植物多糖如波叶大黄多糖、当归多糖和茶叶多糖等。黏多糖为含氮少的不均一多糖,也被称糖胺聚糖。该类多糖的化学组成通常为氨基多糖或糖醛酸及其衍生物,其中有的黏多糖还含有硫酸。糖复合物则指糖和其他物质相复合,又被称为结合糖或复合糖,如肽聚糖、糖蛋白、蛋白聚糖和糖脂等。

(1)均一多糖

均一多糖,顾名思义仅由一种单糖构成。在均一多糖中所占比重最大的是由葡萄糖作单糖聚合构成的多糖,常见的有淀粉、纤维素、糖原等。葡萄糖的储存形式在不同生物个体中有不同的表现,淀粉作为葡萄糖的高聚体是植物中葡萄糖的主要储存形式,同时纤维素也作为支架存在于植物的细胞中,而糖原则是葡萄糖在动物肝中的一种主要储备形式。

(2)不均一多糖

不均一多糖是由不同种类的单糖经不同类型的糖苷键相连缩合形成的高聚物,常见的有透明质酸、硫酸软骨素等。有一些以糖胺作为二糖缩合形成的不均一多糖称为糖胺聚糖或黏多糖。

2. 按来源分类

多糖按其来源可以分为动物多糖、植物多糖、微生物多糖和海洋生物多糖。动物多糖指的是从动物身上通过分离提取、提纯等方式得到的多糖,动物的组织器官或体液都是其来源。这类多糖多数为水溶性的黏多糖,也是最早作为药物的多糖,如肝素、硫酸软骨素、透明质酸和猪胎盘脂多糖等。植物多糖是从植物,尤其是中草药中提取出来的水溶性多糖,如当归多糖、枸杞多糖、大黄多糖、艾叶多糖、紫根多糖和柴胡多糖等。通常情况下这类多糖无毒,且药物药量在一定实验手段下可控,多作为药物或是酒类的添加物。另外一类植物多糖是不溶于水的多糖,如淀粉和纤维素等。微生物多糖是由细菌和真菌(包括霉菌和酵母菌)合成的。海洋生物多糖则是从海洋和湖沼等生物体内分离纯化得到的多糖。

(1)动物多糖

动物多糖包括糖原(glycogen)、甲壳素(chitin)、肝素(heparin)、硫酸软骨素(chondroitin sulfate)、透明质酸(hyaluronic acid)、硫酸角质素(keratan sulfate)、酸性黏多糖(acid mucopolysaccharide)、糖胺聚糖(glycosaminoglycan)。肝素、硫酸软骨素、透明质酸和硫酸角质素都属糖胺聚糖。由于动物多糖在体内常以蛋白质结合的状态存在,故又统称为蛋白聚糖(proteoglycan)。

动物多糖广泛存在于所有的动物组织、器官内,它主要存在于细胞间质中,而且机体中多糖类型并不均一,根据部位不同而变化。如硫酸软骨素和硫酸角质素主要分布于软骨和骨架组织中;肝素主要存在于肝、肺、肠和皮肤等的肥大细胞中;而透明质酸在关节液、玻璃体和脐带中含量较高。动物多糖的存在与分布的广泛性为人类进行多糖研究提供了丰富的资源。

随着动物类药材研究的日益繁荣,在动物机体内的一些内源性多糖被证明具有多种生物活性。肝素因其抗凝血和改善微循环的作用,现已应用于各种心脑血管疾病的防治,如心绞痛、高血压、动脉硬化和急性脑梗死等。透明质酸和壳多糖不仅有抗肿瘤和降血压、血糖和血脂等作用,还有良好的生物相容性,且几乎无毒副反应,现已被广泛地应用于药物辅料方面,临床上用于防止手术后粘连和创口愈合。鲨鱼软骨素除具有抗肿瘤功能外,还可用于骨硬化症的治疗。动物多糖的研究具有巨大的潜力。随着一些疑难病症如癌症、艾滋病、各种免疫性疾病、放射性疾病以及退行性疾病不断增加,对相关的有效药物的需求也日益增大。动物多糖具有多种生物活性,这增加了人们对动物多糖的期望和信心。此外,因为环境污染日益严重,人们"返回自然"的愿望日益强烈,所以天然药物备受患者、科研工作者和医疗工作者的欢迎。因此动物多糖作为有潜力的新型药物,将成为医学新的研究热点。

(2)植物多糖

常见的植物多糖有纤维素、果胶、淀粉,此类植物多糖都是同类或不同的单糖经 α 或 β 糖苷键相连。植物多糖来自自然植物,不论是植物的根、茎、叶,还是皮、种子、花,都可作为原材料。由不同数目、种类的单糖构成的植物多糖其相对分子质量有几万,也有百万及以上不等。

植物多糖的种类很多,按其在植物体内的功能主要分为两部分:一是具有支撑作用的,如纤维素;二是可作为植物的营养原料的,即多糖在催化物酶的作用下,水解成单糖供能,如淀粉。

(3)微生物多糖

细菌、真菌类的微生物通过代谢产生微生物多糖。它可以保护微生物,是可再生的多糖。微生物多糖的组成也存在很大的差异,大多数的微生物多糖都具有不同个数的取代乙酰基,再与不同种类及个数的单体糖进行组合。

微生物多糖的应用横跨医学、工业、食品等多个领域。在医药领域的应用研究主要集中在多糖成分的生物活性功能、药理作用与免疫保健作用,如红缘层孔菌多糖 FP2 可以激活机体的免疫功能,激活巨噬细胞、杀伤细胞及杀伤性 T 细胞的活性,增强对肿瘤细胞的攻击作用。在食品工业方面,已经获得工业应用的微生物多糖有结冷胶、黄原胶、海藻糖、琼脂糖等。在食品方面,微生物多糖可以用作食品添加剂、抗凝剂、保鲜剂等,如结冷胶既可形成类似琼脂和明胶的热可逆凝胶,又能形成类似海藻胶和卡拉胶的盐诱导凝胶。在石油工业方面,目前用于石油开采的微生物多糖主要有黄原胶、Simusan 酸性胞外多糖与 AGBP 胞外多糖等。

(4)海洋生物多糖

海洋生物多糖是从海和湖内的水生生物中提纯得到的,大多数是活性多糖且纯天然。其根据来源不同可分为三大类:海藻多糖、海洋动物多糖、海洋微生物多糖。海藻多糖包括螺旋藻多糖、褐藻多糖、紫球藻多糖,由海藻中的各高类分子碳水化合物构成。海洋动物多糖包括甲壳动物的甲壳素,鱼类、贝类中的糖胺聚糖及酸性黏多糖等。海洋微生物分布广泛,即使在极其恶劣的海洋环境中也能存活,故海洋微生物多糖多种多样。

海洋多糖具有多种生物学性质因而具有极大的药用和医用潜能,如免疫功能调节、肿瘤治疗、延缓衰老、抗病毒侵袭、抗血糖、抗凝血、降低血脂等功能。

**3.按生理功能分**

多糖按其生理功能可分为贮存多糖和结构多糖两类。

**(1)贮存多糖**

贮存多糖是细胞在一定生理发展阶段形成的,主要以固体形式存在,较少是溶解的或高度水化的胶体状态,它作为碳源的底物贮存的一类多糖,在必需时在生物体内酶的催化作用下,可分解,释放能量,故又称为贮能多糖。糖原是动物最重要的贮存多糖,而淀粉是植物最主要的贮存多糖。右旋糖酐(dextran)由微生物产生,是酵母和细菌的贮存多糖。

**(2)结构多糖**

结构多糖也称水不溶性多糖,合成于生长组织内,是构成细菌细胞壁的肽聚糖,对动植物的组织起支持作用,具有硬性和韧性。几丁质、纤维素都属于此类型。

## (三)多糖的功能

多糖具有抗肿瘤、抗病菌、延缓衰老、防辐射、抗病毒、抗寄生虫感染、降血糖等功能,可增强机体对外界的免疫力和抵抗力。它对治疗内脏、腺体以及中枢神经系统的疾病疗效显著。

多糖的降血糖功能是通过保护β细胞促进胰岛素的分泌、调节与糖代谢有关的酶的活性、提高肝糖原的含量等途径来实现的。多糖的抗衰老功能主要通过抗氧化、调节神经系统、调节内分泌系统、调节免疫功能和抗 DNA 损伤这五个方面来实现的。多糖也可抗辐射,通过修复受损的造血组织来保护造血系统,还可以增强机体的免疫功能、清除自由基,从而减轻辐射对机体的损伤。此外,多糖还具有抗癌的作用,其功能分为直接抗癌和间接抗癌两种方式,直接抗癌主要是对细胞进行解毒,而间接抗癌主要是通过增强机体自身的免疫抵抗机制。

**参考文献**

[1]查锡良,药立波. 生物化学与分子生物学[M]. 8 版. 北京:人民卫生出版社,2013:111.

[2]于广利,赵峡. 糖药物学[M]. 青岛:中国海洋大学出版社,2012.

多糖的研究及临床应用

[3]熊善柏，赵山，李云捷，等. 菊糖的提取与精制[J]. 冷饮与速冻食品工业，2001，7(4)：1-3.

[4]王镜岩，朱胜庚，徐长法. 生物化学[M]. 北京：高等教育出版社，2002

[5]于广利，赵峡，张天民. 硫酸软骨素的结构特点及其质量控制[J]. 食品与药品，2010，(5)：153-157.

[6]肖玉良，李平利，程艳娜，等. 硫酸软骨素的药理作用及应用研究进展[J]. 中国药学杂志，2014，(13)：1093-1098.

[7]王延鹏. 鲨鱼软骨硫酸角质素的制备及其壳聚糖纳米粒抗类风湿性关节炎作用的研究[D]. 济南：山东大学，2008.

[8]王艳萍，王征，朱健，等. 鞘糖脂研究进展[J]. 生命科学，2011，23(6)：583-591.

[9]姚新生. 天然药物化学(第三版)[M]. 北京：人民卫生出版社，2002：53-106.

[10]殷涌光，韩玉珠，丁宏伟. 动物多糖的研究进展[J]. 食品科学，2006，(3)：256-263.

[11]李东霞，李德全，张双全. 鲨鱼软骨多糖的理化性质及其与 DNA 分子相互作用的研究[J]. 海洋科学，2000，24(5)：40-43.

[12]赵本树，杜晓东，吕金梁，等. 鲨鱼软骨酸性多糖对小鼠的降脂作用[J]. 中国药理学通报，1995，11(3)：259.

[13]何余堂，潘孝明. 植物多糖的结构与活性研究进展[J]. 食品科学，2010，(17)：493-496.

[14]宋绍富，崔吉，罗一菁，等. 微生物多糖研究进展[J]. 油田化学，2004，21(1)：91-96.

[15]徐静，谢蓉桃，林强，等. 海洋生物多糖的种类及其生物活性[J]. 中国热带医学，2006，6(7)：1277-1278.

# 第二章　多糖的鉴定方法

多糖及多糖水解产物的相关产品现已广泛应用于医药、保健食品、食品添加剂和纺织等领域,因此我们经常需要对多糖的含量、纯度、功效和结构等进行检测和监控。多糖的生物活性与其结构、构象、相对分子质量、溶解度和支化度等的关系十分密切。目前对多糖构效关系的研究主要在糖苷键的类型、糖单元的组成、空间构象、主链的构型、支链组成、取代基的数量和种类及多糖相对分子质量等方面。由于多糖的种类繁多,且多糖的含量和存在形式多变及新的多糖不断涌现,我们需要根据不同多糖的特点来选择适当的多糖检测方法。

## 一、多糖含量的测定

众所周知,多糖的相对分子质量、基团构成以及连接键的类型是多种多样的,所以多糖的种类也是多种多样的。因此,按照不同种类多糖的相应特性来选择相应的检测途径是十分重要的。现阶段,测定多糖含量的方式暂无明确的规定,但目前使用较多的有两种方式,即苯酚-硫酸法和蒽酮法。而其他方法如气相色谱法、液相色谱法、3,5-二硝基水杨酸法(DNS 法)、薄层色谱法(TLC)、生物传感器法、差示酚硫法、MBTH 法、红外光谱定量分析多糖法、BAC 法等也有不少使用。

### (一)苯酚-硫酸法

苯酚-硫酸法是指在温度较高的情况下来检测多糖的具体含量。其原理是:加入适量体积及浓度的硫酸,能将多糖分子水解成单糖,接着单糖分子会脱水缩合成糠醛,然后在混合物中加入苯酚使其生成有颜色的化合物,再用比色法测定其吸光度,进而得出其是否为均一组分。在测定多糖含量时,通常会先测定葡萄糖等单糖分子,以便形成对照,再测出多糖含量。

由于具有较高的灵敏度,操作过程简单,技术含量较低,且使用的设备也较为简单,不需要精密仪器等优点,苯酚-硫酸法被广泛使用。但同时,此方法也存在诸多不足之处,例如,使用此方法得出来的结果往往准确性较低,且操作时间较长,费时费力,不能及时且准确地得出结果。针对上述的不足之处以及市场对多糖含量测定的需求,人们通过改善苯酚-硫酸法的部分操作步骤,使得准确度和操作时间得到了大大的提升。例如:用酶联免疫测定仪进行比色测定,可大幅度地减少样品用量,同时也能使每个样品的检测时间缩短许多;选取适宜的校正系数或换算因子同样可有效减少苯酚-硫酸法给实验带来的不准确性。

## (二)蒽酮法

蒽酮法是除了苯酚-硫酸法之外,被广泛应用于测量多糖含量的方式。此方法的操作原理与苯酚-硫酸法有相似之处,即都是利用多糖分子在浓硫酸的作用下水解成单糖分子,再经过脱水缩合成羟甲基糠醛或者糠醛,后者再与蒽酮试剂反应,生成有色化合物,而此有色化合物的颜色深浅在一定范围内与多糖的含量呈正比关系,因此通常根据这个特性来进行多糖的定量。

蒽酮法有许多优点:能够一次性地测出多糖的总量,操作过程简单、快速能很快得出实验结果。也正因如此,蒽酮法被广泛应用于测定多数植物中的可溶性多糖含量。

## (三)气相色谱法

气相色谱法在 20 世纪初期被首次提出,之后经不断改良,并应用于分离、分析各种物质的组成成分,可根据物质不同的理化性质将多糖中的不同组分分离开来,进而根据各组分的特性来作进一步区分。气相色谱法有流动相和固定相,在大多数情况下多以惰性分子作为流动相,而固定相则是某些活性较强的吸附剂中所采用。目前,由于技术的进步,气相色谱法分离、分析物质的部分步骤采用自动化的操作方式,可极大地提高分离的有效性。

利用此方法分离与分析多糖成分、含量时,需先利用酸将多糖分子水解成单糖分子,或者加入甲醇,将多糖分子醇解,接着通过衍生物法,增加混合物的挥发性,再利用已知的单糖分子(如葡萄糖、果糖等)作为对照或标准。气相色谱法在分析的时候,多糖通常有两种衍生的物质,即三甲基硅醚或醋酸衍生物,因为前者制备较为容易且挥发性强于后者,故前者较为常见。

气相色谱法具有许多优点:实验所需的各种设备较为普通,不需精密仪器;操作的时间短,能较快得到实验结果,不需较长时间的等待;灵敏度极高,可对微量物质进行定性分析,也可对混合物中的各组分进行定性分析;可用此方法进行检测的物质种类多,且受物质自身特性的影响较小,因此造成的误差也小;可有效分析测定几种性质相近的物质,如同位素等。目前,气相色谱法主要应用于:检验空气、水中污染物;检验、分析体液和组织等生物材料;分析药物;分离混合物中各组分;分析某特定化合物纯度;分析化合物的表征;提纯混合物;分析中药、中成药等的关键成分。

### (四)液相色谱法与高效液相色谱法

在 1970 年左右,液相色谱法被一些学者逐渐作了改良。他们将气相色谱法的部分应用原理融入液相色谱法。而高效液相色谱法更是经过多位专家学者改良后的液相色谱法。经过 30 多年的发展,高效液相色谱法在多个方面(如分离的效率、分析的速度、分离的灵敏性)上都保留了经典液相色谱法的优点,在某些方面甚至还容纳了气相色谱法的优点。目前,由于多糖的利用价值不断被发现以及高效液相色谱法的种种优点,在分离、分析多糖时,采用此方法的学者越来越多,高效液相色谱法已成为分析多糖组分的重要方法。

高效液相色谱法在分类上与气相色谱法相似,也包含两个相,但与气相色谱法有所差异的是,高效液相色谱法是以液体作为流动相。而与普通液相色谱法不同的是,高效液相色谱法使用了新型的高压输液系统、检测器以及固定相,也正因这些改进,使得高效液相色谱法能够更为有效、灵敏地分析混合物的各组分。此外,高效液相色谱法还采用了管径较小的色谱柱以及颗粒特别细小的色谱填料。如此,在高压输液系统的作用下,试剂甚至能以高于普通色谱法 1000 倍的高速通过色谱柱,从而达到更好的分离效果。

高效液相色谱法有许多优点:可检测的样品种类极广;可供其选择的流动相的种类有很多;能够高效且快速地分析药物成分,对现代医学有很大贡献;灵敏度更高,对多糖中各组分的定性分析更为准确;高压输液系统有极大的改善,使用此方法进行实验时,可大大减少操作时间,且由于固定相的改变,其选择性也提高了很多;自动化程度大大提高;既可进行多糖的常量分析,同时也可进行微量分析,还可定量分析小分子的糖分子(如单糖和寡糖)。高效液相色谱法也有缺点:设备的昂贵,所需的预算较大,检测的成本较高等。

### (五)3,5-二硝基水杨酸法

3,5-二硝基水杨酸法(即 DNS 法)是在 pH 在 7 左右的中性或偏碱性的条件下发生的。利用此方法进行检测时,需先将多糖分子水解成还原糖,接着加入 3,5-二硝基水杨酸,混合液加热后即生成红棕色(有时为橘红色)的 3-氨基 5-硝基水杨酸,再根据混合液的颜色利用比色法进行多糖含量的测定。在一定程度上,混合液的颜色越深,还原糖的相对分子质量越多。

3,5-二硝基水杨酸法有很多优点:可有效排除外来因素对实验结果的干扰,测量的准确度极高;实验过程中无危险步骤,实验环境较为安全;操作步骤简单,便于上手;精确度较高;实验原理简单易懂。正是由于 3,5-二硝基水杨酸法的以上优点,此方法被应用于许多方面:该方法在某些方面比传统测定多糖含量的方法要便利,因此大多用于测量多糖含量,尤其是己糖和戊糖。该方法受外界因素影响小,能排除色素对比色的干扰,可有效检测葡萄酒中的总糖含量,进而得出多糖含量;还可检测多种药物中的多糖含量。

### (六)薄层色谱法

薄层色谱法又称薄层层析,是根据样品组分与吸附剂的吸附力及其在展层溶剂中的分批系数不同而使混合物分离。此方法对设备要求不高,且分离效果好,具有操作简单、分离快速、样品所需量较少的优点。

操作时将适宜的固定相涂布于玻璃板、塑料或铝基片上,成一均匀薄层。待点样、展开后,根据比移值($R_f$)与适宜的对照物按同法所得的色谱图的比移值作对比,用以进行药品的鉴别、杂质检查或含量测定的方法。薄层色谱法是快速分离和定性分析少量物质的一种很重要的实验技术,也用于跟踪反应进程。

### (七)生物传感器法

生物传感器(biosensor),是一种对生物物质敏感并将其浓度转换为电信号进行检测的仪器。它是由固定化的生物敏感材料制作的识别元件(包括酶、抗体、抗原、微生物、细胞、组织、核酸等生物活性物质)、适当的理化换能器(如氧电极、光敏管、场效应管、压电晶体等)及信号放大装置所构成的分析工具或系统。

分子识别部分是生物传感器选择性测定的基础。生物体中能够选择性地分辨特定物质的物质有酶、抗体、组织、细胞等。这些分子识别功能物质通过识别过程可与被测目标结合成复合物,如抗体和抗原的结合,酶与基质的结合。

生物传感器具有以下优点:

(1)采用固定化生物活性物质作催化剂,价值昂贵的试剂可以重复多次使用,克服了过去酶法分析试剂费用高和化学分析繁琐复杂的缺点。

(2)专一性强,只对特定的底物起反应,而且不受颜色、浊度的影响。

(3)分析速度快,可以在一分钟得到结果。

(4)准确度高,一般相对误差可以达到1%。

(5)操作系统比较简单,容易实现自动分析。

(6)成本低,在连续使用时,每例测定仅需要几分钱人民币。

(7)有的生物传感器能够可靠地指示微生物培养系统内的供氧状况和所产生的副产物。

## (八)差示酚硫法

差示酚硫法以酚硫法为基础,其原理是先使多糖与浓硫酸反应生成糖醛衍生物,冷却后,加入苯酚,使其与糖醛衍生物缩合形成黄棕色化合物。先加入苯酚再加入浓硫酸能缩合生成黄棕色化合物,两者作差即可消除与多糖混在一起的其他成分的干扰,这样多糖样品可以在不与其他成分分离的情况下直接进行测定。相关实验结果表明,差示酚硫法测得结果准确度较高。

## (九)MBTH 法

MBTH 法利用 3-甲基-2-苯并噻唑啉酮腙(MBTH)盐酸盐水合物在中性条件下与还原糖反应生成吖嗪,再在酸性或碱性条件下,将过量的 MBTH 氧化生成阳离子,再与吖嗪反应生成蓝色物质。该法灵敏度高,而且不受蛋白质等物质的干扰,适用于含较低还原糖的含量测定。

## (十)红外光谱定量分析多糖法

红外光谱定量分析多糖是通过对特征吸收谱带强度的测量来求出组分含量,其理论依据是朗伯-比尔定律。定量分析方法可用标准曲线法、求解联立方程法进行定量分析。该方法具快速、便宜,作为一种快速分析具有营养功能重要多糖的方法使用,具有很大的潜力。

### (十一)BAC 法

BCA 法的原理是利用二金鸡纳酸(bicinchoninic acid,BCA)在沸水浴条件下与还原糖发生反应,生成在特定波长下有吸收峰的物质。目前该方法通过对还原糖溶液的稀释,使测定时蛋白质等杂质浓度极低,以至检测不到,因此可减少其对多糖测定的干扰。该法适用于测定和筛选大批量的微生物,但不适用于精密测定还原糖含量。

### (十二)酶法

酶法测定原理为葡萄糖在葡萄糖氧化酶的作用下,生成葡萄糖酸,在过氧化物酶的作用下与4-氨基安替比林和酚生成醌亚胺。该方法灵敏度高,操作简单。

### (十三)硫酸-咔唑法

硫酸-咔唑法主要用于糖醛酸的测定,多糖经水解氧化生成糖醛酸,在强酸中与咔唑试剂发生缩合反应,生成紫红色化合物,各中性单糖在 $0.04 \sim 0.32 \text{mg/mL}$,糖醛酸在 $0.01 \sim 0.08 \text{mg/mL}$ 范围内,其浓度与咔唑法检测吸收值呈线性,可定量测定。此法测定多糖含量获得的往往是总的多糖含量,无具体单糖组成细节,但由于操作简单,成本低,仍有广泛应用的前景。

## 二、多糖纯度的鉴定

通常化合物的纯度标准不能用来衡量多糖的纯度,因此可根据电泳是否呈现一条带、糖基的摩尔比是否恒定、柱层析上是否呈现一个峰来判断多糖纯度。目前,常用的多糖纯度鉴定方法有:超离心法、电泳法、凝胶柱层析、旋光测定法、高效液相色谱、凝胶柱层析。

### (一)超离心法

微粒在离心力场中移动的速度与微粒的密度、大小与形状有关。如果是组分均一的多糖,则应呈现单峰。将多糖样品溶于水或 0.1 mol Nacl 或 0.1 mol Tris-HCl 溶液中,使多糖浓度达到 $1\% \sim 5\%$ 后置于离心管中进行超速离心。待离心机转速达到 5000 r/min 后开始照相,每间隔 $5 \sim 10$ min 照相一次,共五次,若转速达到 6000 r/min,则为最后一次照相。若最后所得五次照相所得的峰均为一个对称的峰,则可证明该多糖为均一组分。

## (二)电泳法

通常情况下,中性多糖的导电性差且相对分子质量大、在电场中的移动速度慢,所以经常被制成硼酸络合物,再进行高压电泳。我们可用高压电泳的方法测定多糖的纯度,这是由于多糖的组成、相对分子质量不同导致了其与硼酸形成的络合物不同,并且在电场作用下,络合物相对迁移率也不同。一般情况下,聚丙酰铵凝胶、玻璃纤维纸、纯丝绸布、纤维素醋酸酯薄膜等是高压电泳所用的支持体。而其缓冲液则是 pH9.3～12 的 0.03～0.1 mol 的硼砂溶液,时间是 30～120 min,电压强度大致为 30～50 V/cm。冷却系统是为了防止电泳时产生大量的热而烧掉支持体,它能将温度维持在 0 ℃左右。一般情况下,由于糖和低聚糖的醛基发生的颜色反应在多糖上不明显,故 p-茴香胺硫酸溶液和过碘酸希夫试剂等常作为电泳后显色剂。

### 1.醋酸纤维薄膜电泳

试剂:醋酸纤维薄膜;缓冲液:0.025 mol/L 硼酸缓冲液,pH 12.5;染色剂:0.5％甲苯胺蓝溶液或 0.3％阿利新兰的 3％醋酸溶液。

取醋酸纤维薄膜放在缓冲液中浸泡 15～20 min。取出膜条,夹在两层滤纸内吸去多余的缓冲液。另切 1mm×5mm 薄膜,浸渍样品溶液约 1 μL(10 μg),紧贴在离膜条一端 2 cm 处,使膜条点上呈现细条状的多糖样品。然后按一般常规电泳方法,两端用纸搭桥,电泳 250 V,电泳时间 20 min,然后在 90％的乙醇或 1％醋酸中漂洗,直至无糖区底色脱净为止。

### 2.高压电泳法

多糖在电场作用下会因其形状、分子大小及其所带电荷的不同,进而移动不同的距离。某些中性多糖分子里有顺式的邻二醇,所以尽管它们不带电荷,也能与硼砂形成复合物,进而带电荷。载体一般用电渗作用较大的玻璃纤维纸。

### 3.聚丙烯凝胶电泳

根据不同蛋白质分子所带电荷的差异及分子大小的不同所产生的不同迁移率,聚丙烯酰胺凝胶电泳可将蛋白质分离成若干条区带。若分离纯化的样品中只含有同一种蛋白质,蛋白质样品电泳后便会只分离出一条区带。

4.琼脂糖凝胶电泳

琼脂糖凝胶电泳是用琼脂糖作支持介质的一种电泳方法。其分析原理与其他支持物电泳最主要的区别是它兼有"分子筛"和"电泳"的双重作用。物质分子通过时通常会受到阻力,这是由于琼脂糖凝胶具有网络结构,且越是大分子物质,在涌动时受到的阻力越大。故在凝胶电泳中,带电颗粒的分离取决于分子大小以及净电荷的性质和数量。

试剂:琼脂糖制板,可直接用 0.5%琼脂糖溶液或 0.9%琼脂糖溶液以 0.06 mol/L巴比妥缓冲液(pH 8.6)稀释成 0.5%制板。缓冲液:0.06 mol/L 巴比妥缓冲液或 0.05 mol/L乙二胺缓冲液(pH 8.5)。

在琼脂糖板下端边缘 1 cm 处挖孔径为 0.2 cm 的空洞,加样量在 3~5 μL 内(约含 1~10 μg 多糖)。电压 150 V,电泳 1~1.5 h 后,染色并脱色。值得注意的是,由于甲苯胺蓝不易使中性糖染色,故样品以酸性多糖为宜。

## (三)凝胶柱层析

凝胶柱层析即凝胶过滤,可按物质的相对分子质量大小来分离物质。凝胶是一种不带电荷且具有多孔网状结构的珠状颗粒物质,每个颗粒的细微结构以及筛孔的直径是完全均匀一致的。若分子的直径大于孔径,则不能自由进入凝胶内部,此时便会直接沿着凝胶颗粒的间隙而流出,即全排出。相反地,较小的分子则能在容纳它的间隙内自由出入,从而在柱内停留较长一段时间,并很快在流动相和静止相之间形成动态平衡,因此需花费较长的时间流经柱床,从而使不同大小的分子得以分离。

葡聚糖凝胶是由一定平均相对分子质量的葡聚糖及相应交联剂交联聚合而成。而所用交联剂的数量及反应条件则决定了生成的凝胶颗粒网孔大小。加入的交联剂数量通常和交联度有关,且交联剂数量越多,交联度也会相应地增高。

羟丙基葡聚糖凝胶是 Sephadex G-25 经羟丙基化处理后得到的产物,与葡聚糖凝胶相比,羟基的数目没有改变,但其碳原子所占比例相对增加。正是因此,此类型凝胶可在水中、极性有机溶剂或它们与水组成的混合溶剂中膨润使用。羟丙基葡聚糖凝胶的一大优点便是可再生,若暂时不用,则可通过水洗、含水醇洗、醇洗等方法洗净,再泡于醇中并贮于磨口瓶中备用。

凝胶柱层析具有以下优点:

(1)应用广泛。此方法适用于各种蛋白质、肽类、激素、多糖、核酸等生化物质的分离浓缩、纯化、脱盐、分析测定等。

（2）操作简便且所需设备简单。某些时候，仅需一根层析柱便可进行分离。

（3）分离条件缓和。由于凝胶骨架亲水且分离过程中化学键无任何变化，故对分离物的活性无不良影响。

（4）分离效果好且重复性高。样品回收率高接近100%。

但凝胶柱层析也有缺点。其分离依据是物质相对分子质量的不同，而相对分子质量的差异则仅表现在流速的差异上，故利用凝胶柱层析进行分离时，其流速必须严格把握。也正因如此，分离操作过程一般需花费较长时间。另一方面，若该物质的相对分子质量相差不大，则将难以较好地分离开来。此外，凝胶柱层析的样品黏度也有要求，不宜太高。而凝胶颗粒有时也会产生非特异吸附现象。

## （四）旋光测定法

旋光度测定的原理是直线偏振光在通过含有某些光学活性化合物的液体时引起的旋光现象，这种旋光现象能使偏振光的平面左右旋转。影响旋光度的因素有偏振光通过供试品液层的浓度($c$)和厚度($l$)、化合物特性、通过光线的波长($d$)和测定时的温度($t$)。

我国计量规程 JJG675-90 旋光仪已规定，仪器应按照仪器测量结果的准确度分为 0.01、0.02、0.03 三种准确度等级检定项目。但除了准确度、重复性、稳定性外，其他仍会检查测定管盖玻片内应力及测定管长度误差等。

根据《中国药典（1990 年版）》，测定旋光度可用读数至 0.01 并经检定的旋光仪。示值准确性可用蔗糖作基准物进行。操作方法是取经 105 ℃干燥了 2 h 的蔗糖，精密称定并加水溶解，定容稀释至 0.2 g/mL 的溶液后依法测定，结果在 20 ℃的比旋度应为＋66.60。值得注意的是，检定时的蔗糖纯度、水分、称量稀释都必须符合要求、准确，否则将会对测量结果产生极大的误差。但是按目前来说，国际上多用旋光标准石英管校验仪器，这是由于蔗糖溶液不宜久藏且易霉变。此外，国家技术监督局也采用旋光标准石英管校准仪器。中国药典（1995 年版）已规定用＋5 和－1 标准石英管，并参照 JJG 675-90 规定，在规定温度下记录零点值，接着再放上标准石英管并读取仪器示值，如此反复测 6 次，按规定处理测定结果，结果与示值的误差不能超出±0.01。此外，再将测定管旋转不同角度并倒向测定，误差需不大于 0.04。

### (五)高效液相色谱

高效液相色谱是目前最为常用的多糖纯度鉴定方法,它有很多优点,如操作快速,分辨率高,重现性好。将多糖的样品配成适宜的浓度后,加样并控制流速,再经示差折光检测器、HP 化学工作站数据处理,观察样品经 HPLC 分析结果后的色谱峰的形状是否为单一的对称峰。若是单一的对称峰,则该多糖为均一组分。

## 三、多糖相对分子质量的鉴定

多糖相对分子质量的鉴定是多糖类物质研究的重要环节。大量实验表明多糖的性质与其相对分子质量的大小紧密关联。而多糖不同于单糖和寡糖,没有专属于自己的稳定的相对分子质量,因此选取适合的检测方法显得尤为重要。常采用方法有:凝胶色谱法、超过滤法、蒸汽压渗透法、光散射法、黏度法、端基分析法、超速离心沉降法等。

### (一)凝胶色谱法

凝胶色谱法又称凝胶色谱技术,作为 20 世纪 60 年代新出现并发展起来的一种分离分析技术,因其所用试剂成本低,操作简便,仪器原理通俗易懂,分离效果佳,故在多糖相对分子质量的鉴定中有着重要的作用。根据分离的对象的溶解性,凝胶色谱法可分为凝胶过滤色谱(GFC)和凝胶渗透色谱(GPC),其中 GFC 适用于水溶性化合物,而 GPC 在有机可溶的化合物中应用较多。

GFC 是利用具网状结构的分子筛作用,根据相对分子质量大小或分子形状进行分离,当多糖进入色谱柱并向下运动时,大分子被迅速洗脱而小分子则进入凝胶颗粒中,中等大小分子虽可进入凝胶颗粒但不嵌入。GFC 是色谱技术中最简单、最温和的,其代表是葡聚糖凝胶,洗脱溶剂主要是水。GPC 主要用于有机溶剂中可溶的高聚物的相对分子质量分布分析及分离,可以分离相对分子质量从 $400\sim10^7$ 的分子,交联聚苯乙烯凝胶是较常用的凝胶,而洗脱剂一般为四氢呋喃、乙酸乙酯或环己烷等。

值得注意的是,内部结构不同而相对分子质量接近的多糖类物质,无法通过凝胶色谱法达到完全分离纯化的目的,但作为一种简单易行的手段,此法可应用于复杂高聚物的初步分析,现已在分子生物学、免疫学和医学等领域被广泛采用。

## (二)超过滤法

超过滤又名分子过滤,属于膜分离法。超过滤法是在传统微粒过滤的基础上演化而来的,为一种新的颗粒过滤技术,因其高效、绿色和节能等优点被广泛应用于多聚物成分分析和药物生产等领域。其原理为:利用半透膜孔径的不同,通过外界加压造成膜两侧的压力差,滤出1~10nm的微粒,这些微粒恰恰是多糖溶液中的大分子物质。超过滤法对多糖相对分子质量进行鉴定时,应选用适宜孔径的超过滤膜,测出已知相对分子质量的各种多糖的百分滤过量,精确作出标准曲线,控制条件完全相同,测定待测多糖样品的百分滤过量,再与标准曲线比对即可求出近似的相对分子质量。

## (三)蒸气压渗透法

蒸气压渗透法具有样品用量少,解析速度快,相对分子质量测定范围广泛等优点,可在溶剂沸点以下各温度进行,因其可将热力学性质转换为电学性质,所以其准确性也得到保证。

蒸气压渗法的基本原理:根据理想溶液的拉乌尔定律,将两个匹配的热敏电阻固定在饱和蒸气池中并在两者之间悬挂溶剂,再配置一个平衡电桥,将它们全部安置在一个密封箱里,当温度达平衡时,则热敏电阻温差为零。而在电阻A上加一滴纯溶液,电阻B的溶剂被溶液代替时,由于溶液和纯溶剂的蒸气压差,破坏了电桥平衡,使溶剂在热敏电阻的表面凝结,液滴温度持续升高,与此同时蒸气压也上升。当控制器感应到溶液滴与池间纯溶剂的蒸气压已经平衡时,仪器自动停止运行,并记录A、B热敏电阻的温差,而多糖溶液中溶质的摩尔分数与该温差成正比,VPO仪上即可显示消除浓度因素后该溶液的渗透系数,并转换为质量摩尔浓度。

## (四)光散射法

光散射法是多糖相对分子质量测定的一种绝对方法,其检测上限为$1 \times 10^7$,下限可达$5 \times 10^3$。使用光散射法进行测定时可一次性得到均方半径、重均相对分子质量等多个指标,因此光散射法在多糖类物质研究中有着不可取代的地位。

## (五)黏度法

黏度法测定多糖相对分子质量已经过了从传统方法到改良现代化设备的

发展进程,有着设备简单、技术可行、实验结果精确度高的优点。传统的黏度法存在主观差异、水槽温度不恒定等缺陷,但现今拥有了自动化仪器设备,使得测试结果更为准确,同时也提高了其检测效率。当温度恒定时,待测液体在直立的、管壁湿润的黏度计中流动,其黏度与流动时间成正比。若采用已知运动黏度的液体作参照,并绘制标准曲线,再测定样本从同一黏度计流出的时间,即可计算出待测样本的黏度,根据经验公式 $[\eta] = KM\alpha$ 得出待测样本的相对分子质量。

现较常用的黏度计有乌氏黏度计与奥氏黏度计,因两者结构差异,适用范围也有一定的区别。乌氏黏度计的特点是待测样的流出时间与待测液的体积无关,因此可以直接在黏度计内进行稀释,奥氏黏度计则不同,其设计为双管结构,缺乏一根支管,黏度计的下方没有形成气承液柱,故待测液与标准液的体积必须保持一致。

### (六)端基分析法

经过一定的化学反应后,多糖分子链的一端或两端具有羧基、羟基、氨基等特殊基团。当特殊基团与剩余部分的结构不相同,或具有放射性时,即可用某些分析方法定量分析其数目,得到分子链数目,进而计算相对分子质量。所以用端基分析法测定的为平均相对分子质量。例如,检测某种多糖的相对分子质量,明确其具体可测定的端基类型以及每毫克中所含的可测定端基为 $X$ mmol,则该多糖的相对分子质量应为 $1/X$。常用的端基分析法有 3,5-二硝基水杨酸比色法(多糖与 3,5-二硝基水杨酸反应形成颜色,采用已知相对分子质量和浓度的溶液作标准,经比色计算待测多糖的相对分子质量)和碱性铜盐试剂反应滴定法(用碱性铜盐试剂氧化多糖来测定多糖的半缩醛基团从而计算出相对分子质量)。

该法有一定的适用范围,当相对分子质量达到 $2\sim3\times10^4$ 万时,采用一般方法进行端基分析的实验误差就可达到 20%。故此法适用于相对分子质量在 $3\times10^4$ 以下的大分子物质,因为相对分子质量过大,单位质量中可分析的端基就减少,检测准确度就变差。而且多糖分子之间有交化或交联时,或在操作过程中致使端基数目与分子链数目无法确定时,便不能得到真实的相对分子质量。

### (七)超速离心沉降

超速离心沉降又可分为沉降平衡法和沉降速度法。

沉降平衡法是当转速达 300r/s 左右时(离心力约为重力的 $10^4$ 倍),大分子物质发生沉降从而产生浓度差,与此同时产生与离心力方向相反的扩散作用,达平衡时,大分子从最初浓度均匀的状态变为梯度平衡状态(此法可测得重均相对分子质量或 Z 均相对分子质量)。使用沉降平衡法时对溶剂有一定的要求:溶剂密度与多糖分子有差别;使用单一介质溶剂;折光系数不同;黏度小。该法是一种绝对法,可测相对分子质量范围较宽(1~100 万),缺点是平衡时间很长。

沉降速度法是当离心机转速很高,如 70000r/min(离心力约为重力的 $4\times10^5$ 倍),沉降作用占绝对优势,则扩散作用可忽略不计,此时离心力即质点在介质中运动的摩擦力,所有质点都以 $dx/dt$ 的速度沉降,再测得扩散系数和沉降常数即可得相对分子质量。此法是一种相对法,可得到平均相对分子质量及其相对分子质量分布的信息。

## 四、多糖结构的鉴定

多糖结构的鉴定时常将多糖链降解,可用酸法、酶法、甲醇解和乙酰解等方法进行,选择性降解或部分水解则可把多糖裂解成大小不等的片段,继而以片段为单位进行分析。解析这些片段则可采用红外光谱、质谱、磁共振光谱、X-射线衍射、化学降解法、免疫化学法和放射化学方法等。而至今也没有一种方法可以单独完成结构的分析,因此必须将各种方法彼此结合起来。

总的来说,多糖结构的鉴定步骤可以分为:初步推断化合物类型;得出分子式和不饱和度;明确分子式中的功能基团;确定平面结构;推断并确定主体结构。

### (一)多糖链的水解

水解法是分析多糖链结构的重要方法之一,将多糖链分解成单糖有利于提高分析的准确性。水解法主要包括酸水解、碱水解、酶解和乙酰解等,其中酸水解应用较为广泛,这是由于多糖易被稀酸催化,糖链发生断裂。此反应通常在水或醇溶液中进行,所用的酸有硫酸、硝酸和盐酸等,有机酸类有草酸、甲酸和乙酸等。同时,酸也可起到调节 pH 值的作用,酸性糖不容易在酸性溶液中水解,而氨基糖一类的碱性糖,在酸中溶解度高,易水解。

1. 酸水解

酸水解的机制为,苷键发生质子化,随后断裂形成苷元和糖的阳碳离子中间体,在溶剂的作用下,阳碳离子脱氢而形成糖分子。酸水解包括完全酸水解和部分酸水解,主要受酸浓度、反应温度和接触时间影响。①完全酸水解:单糖的性质、环链的形状以及糖苷键的构型直接影响了多糖水解的难度。α型比β型易水解,而糖醛酸和氨基糖含量丰富的多糖不易水解。待单糖分离后中和水解液,用纸层析、气相层析和纤维薄层层析等方法,实现完全自动化。②部分酸水解是指调节水解的条件从而得到预期的寡聚糖。水解所得低相对分子质量的寡聚糖通过凝胶过滤、层析和离子交换等方法分离。当多糖变为寡糖后,其结构分析就显得相对简单,但水解时多糖的浓度应<5%,以减少回复现象。

大量实践证明,采用酸水解对多糖进行结构鉴定时,往往需要进行预处理才能达到预期效果,目前的预处理方法有:直接酸水解、声波预处理、波预处理、子液预处理等。

(1)直接酸水解

盐酸水解法:盐酸作为一种常用的工业酸,也被广泛应用于水解植物多糖,在较高温度下,利用浓盐酸在高压环境下产生的强氧化性,可将多糖降解变为低聚合度的寡糖。此法条件简单,操作简便,但是无法保持稳定,耗时长,对某些多糖的寡糖水解含量过低,误差大。

三氟乙酸水解法:三氟乙酸水解法在多糖结构鉴定中有着重要地位,其氧化性不强因此对多糖的破坏小,因其富含能够吸引大量氢离子的负电基团,强催化多糖的水解。三氟乙酸有很好的挥发性,实验后处理较方便,用减压蒸馏或冷冻干燥法即可除去,省去了传统的中和步骤。但其毒性较大,存在一定的局限性。

(2)超声波预处理

超声波可以作为一种辅助能量参与多糖水解的过程,主要是通过局部高温、高压等来加快化学反应。超声波可以破坏或减弱氢键之间的连接能量,将多糖的表面和空间结构破坏,各结构之间的作用力减弱,整体结构松散,使得酸可以很容易地在多糖结构间渗透与传质,从而降低反应所需的温度,同时也缩短水解的时间,常能得到直接酸水解所无法达到的效果。

(3)微波预处理

常用的有微波辐射预处理和微波辅助离子液预处理两种方式。微波有穿透特性并可对物质的磁性和电性产生作用,在提高分子碰撞能量的同时,还能提高碰撞概率。微波辐射对多糖表面和内部结构同时进行加热,使整体结构受热均匀,热量能直达多糖深部结构。微波的显著优点是反应速度快、还原糖含量高、操作便捷、符合可持续发展。但其也有一定的局限性,如设备投资费用较高,尚不能做到普及。

（4）离子液体预处理

离子液体指熔点低于100℃的有机盐,因正负电荷数目相等而使整体呈电中性。离子液体顾名思义是仅含离子的液体,因此具有良好的溶解性、热稳定性和不挥发性。离子液体可以提高多糖酸水解速率,提高还原糖含量,破坏多糖的结晶结构,便于后续研究的进行。离子液体蕴藏了强大的绿色能源潜力,现虽已在许多科研领域得到应用,但仍面临着合成成本较高的问题,使离子液体研发无法成为常规预处理手段,限制其在多糖结构鉴定中的应用与推广。

2. 碱水解

因为苷键通常为缩醛结构,稀碱不易将其催化水解,所以多糖比较少用碱水解。而含有烯醇苷、酚苷、酯苷和β位吸电子基团的多糖易被碱催化,因为这类苷具有酯的特性,碱水解一般就发生在单糖羟基或羧基所连接的酯上。我们通常将多糖还原端的单糖被逐个降解的反应称为"剥皮反应",通过分析所得的醛酸即可明确原来单糖的键型。

3. 酶水解

酶水解是一种控制多糖降解的方法,对不易水解或条件不稳定的多糖,使用其他方式如酸水解时会使其脱水、异构化,而无法得到所要的寡糖。而酶水解条件温和,不会破坏多糖内部结构,可得到真正的单糖进行分析。酶具有高度特异性,α-糖苷酶一般只水解α糖苷,β-糖苷酶一般就只水解β糖苷(部分专属性较差的酶除外)。酶水解后可能得到一些次生苷,因此通过酶水解可以明确多糖的类型、苷键及糖苷键的构型、连接方式等信息。

4. 乙酰解

多糖结构的研究中常用乙酰解断裂一部分苷键,而保留剩下部分,然后采用柱色谱分离,经薄层色谱(TLC)鉴定水解产物中的乙酰化单糖和乙酰化低聚糖。乙酰解反应所用试剂为乙酸酐和不同酸的混合溶液,如硫酸、高氯酸或Lewis酸等,以乙酰基为进攻基团对苷键进行裂解。具体操作如下,将糖苷溶于乙酸酐与冰乙酸中并加入3%～5%的浓硫酸,于室温下放置1～10 d,并用NaHCO₃中和pH值至3～4,随后萃取其中的乙酰化糖,即可获得所需乙酰化低聚糖或乙酰化单糖。多糖乙酰解的速度和糖苷键的位置有关,例如,在苷键的邻位如果存在可乙酰化的羟基,由于电负性则可使乙酰解的速度减慢,实验表明1-6糖苷键的多糖最容易断裂,1-4糖苷键和1-3糖苷键相对较牢固,最难开裂的为 1-2 糖苷键,明确这一点将有利于多糖结构的鉴定。

## (二)糖链中糖残基的连接方式

### 1.甲基化分析法

甲基化分析法作为鉴定糖残基连接方式的常用方法,有着原理简单、重复性好的优势。应用甲基化试剂将单糖残基中的游离羟基转变为甲氧基,因此可由多糖甲基化的产物中羟基所在的位置来推断糖残基的连接方式。想要得到准确的结果,甲基化是否完全就显得十分重要。判定甲基化是否完全可用红外光谱法,表现为 3 500 cm$^{-1}$ 吸收峰完全消失。甲基化常用方法有 Purdie 法、Menzies 法、Hakomori 法、Hamorth 法、Ciucanu 法和 Kerek 法等。

### 2.核磁共振法

在糖链结构鉴定中核磁共振法(NMR)起着重要作用,NMR 无论是否具备相应结构知识都可获得多糖的结构信息。核磁共振法包括核磁共振氢谱($^1$H NMR)和核磁共振碳谱($^{13}$C NMR)等。$^1$H NMR 可以检测两个糖环中质子的化学位移变化,从而鉴别移动最大的部位及糖苷键位置。$^{13}$C NMR 中,C 原子的信号和化学位移($\delta$)受苷化或羟基化而发生相似的变化效应。若糖残基中的每个 C 原子都明确位置,那么与已知单糖碳原子的化学位移作比对,运用苷化位移规律即可以判断多糖糖链的连接方式。当取代了糖残基上的某个位置后,端基碳与 $\alpha$ 位碳的化学位移就会明显移向低场,而 $\beta$ 位碳偏向高场。判断双糖中两单糖的连接方式,可将双糖的$^{13}$C 谱与对应单糖的$^{13}$C 谱数据进行比较,若出现内侧糖的 C 原子化学位偏向低场而相邻的两个 C 原子化学位移略向高场方向移动,那么内侧糖的 C 原子就是糖的连接位置。

NMR 可测定多糖中的各种官能团,但多糖分子内 H-H 之间、C-C 之间的化学环境十分类似,NMR 结果中的信号重叠,故早期 NMR 所提供的信息很少,多糖的结构分析依赖于化学分析法。近年来 NMR 技术飞速发展,$^1$H NMR 的磁场强度可达 360 兆周以上,使原来低磁场 NMR 无法区分的信号得以鉴别,很大程度上提高了分辨率,使得检测多糖结构中单糖残基的类型、C 和 H 化学位移的归属成为现实,甚至可提供糖残基间的连接方式等诸多信息。NMR 技术已在如今多糖结构的研究中扮演了重要角色。

## (三)糖链连接顺序

### 1.确定糖残基数

单糖以一定的连接方式和顺序组成复杂的多糖,因此确定多糖的糖残基数是分析糖链连接顺序的第一步。一般来说,糖残基数目通过[1]H NMR 的异头氢和[13]C NMR 的异头碳的数目来确定。在[1]H NMR 中异头质子区 $\delta 4.3 \sim 5.9$ 信号的多少即表示有几种单糖,各信号的宽度和积分可以鉴定多糖的类型和各糖残基的相对含量。值得注意的是,位于异头质子区的并非全为异头氢信号,如乙酰化质子[2]C-[6]C 的信号通常也会出现在异头质子区内,而且[1]H NMR 的信号分辨率较低易造成假象,故不能仅凭[1]H NMR 绝对确定糖残基数。[13]C NMR 的化学位移范围约 $\delta 200$,比[1]H NMR 宽。其中异头碳的信号通常在 $\delta 90 \sim 112$,基本上可以根据此范围内吸收峰的数目确定糖残基数。[13]C NMR 比[1]H NMR 分辨率高的原因是,[13]C NMR 图片是全去耦碳谱,其中化学等价的碳原子只有一条谱线因而很少重叠。但[13]C NMR 也并不是完美的,由于 Overhauser 效应导致峰高与 C 含量并不严格成正比,故此法得到的糖残基比例仅供参考。若要进一步确定糖残基数,应结合二维图谱来弥补一维图谱中只有一个时间变量的缺点,相比之下,二维图谱具备两个时间变量,可经两次傅里叶变换而得到两个独立的图谱,以提高分辨率,并进一步分析确定糖残基数。

### 2.确定糖环构型

多糖的糖环构型分为呋喃型和吡喃型,吡喃型又分葡萄糖构型、甘露糖构型和半乳糖构型。可以根据[13]C NMR 或[1]H NMR 图谱的数据确定糖环构型。喃糖的异头氢化学位移在 $\delta 5.4$ 左右,呋喃糖的[3]C 或[5]C 在[13]C NMR 中通常小于 $\delta 80$,这可作为区别呋喃糖与吡喃糖的指标。

葡萄糖构型:葡萄糖残基中的质子为反式垂直键,质子间偶合常数 J 2.3、J 3.4、J 4.5 都较大,为 $7 \sim 10 Hz$。再者可以利用葡萄糖构型在 TOCSY 谱显示出 1 位与 2、3、4、5 位质子的特征峰来确定。

半乳糖构型:半乳糖残基中 4 位质子为平伏键,偶合较弱,在 TOCSY 中看不到 4 位相关峰,信号终止于 $H^4$。

甘露糖构型:甘露糖构型中 2 位质子为平伏键,因此其特征为,在 NMR 谱中显示很小的 J 1.2 和相对较大的 J 4.5。

3.确定异头构型

多糖的异头构型是指在糖环结构中羰基碳原子作为新的手性中心,由于差向异构导致形成两种非对映异构体。可据异头氢的化学信号位移来确定异头构型。一般来说α异头构型氢的δ>5.0,β构型的δ<5.0。通过1位氢与2位氢的耦合常数也可确定异头构型,常用于吡喃糖环的鉴定,一般α构型 J 1,2=2~4Hz,β构型 J 1,2=7~9Hz。还可通过异头碳信号的化学位移值来鉴定异头构型。$^{13}$C NMR 中 α-异头碳 δ<103,β-异头碳 δ>103。若用端基碳与质子的耦合常数来确定异头构型则有一定的适用范围,呋喃型糖与甘露糖构型常不能使用此方法。应用上述方法鉴定完毕后,可通过 NOESY 进行验证,β-构型出现 $H^1$~$H^3$ 与 $H^1$~$H^5$ 的相关信号,α-构型极少出现。

4.单糖残基 H 和 C 的化学位移的归属

对多糖中各单糖残基 H 和 C 化学位移的归属进行鉴定是识别糖残基的中心环节,一般从 $^1$H NMR 和 $^{13}$C NMR 角度出发,结合 COSY-TCOSY 和 HMBC 等。COSY 谱(H-H 化学位移相关谱)能够呈现同一糖残基上邻位 H 的耦合关系。然而,由于多糖中单糖种类繁杂、数量众多以及构型各异,通常情况下,仅靠 COSY 谱无法完成多糖中所有单糖质子的归属。TOCSY 谱表现的是同一单糖残基中所有氢核间的相关峰,其原理为:从其中一个氢核的异头质子区特征谱峰出发,寻找同一自旋体系的所有氢核谱峰的相关峰,可作为 COSY 谱的补充和验证,其优点是能鉴定重复的结构单元。

5.确定取代基

多糖中如果存在取代基,那么将对其活性产生显著影响,在 NMR 谱上便会出现特征表现。常见的取代基有硫酸基、乙酰基、烷基等。如前述,多糖可经乙酰解而变为单糖,因此对乙酰基的确定显得十分重要。其主要步骤为:将游离羟基保护起来,脱去乙酰基,使游离的羟基甲基化,对甲基化产物进行气相色谱分析还原多糖中的乙酰基位置,这也是多数取代基鉴定中常采用的化学方法之一。

6.糖链中糖残基的连接顺序分析

糖链中糖残基连接顺序鉴定方法有:化学降解法、酶降解法、质谱分析法、核磁共振法和其他新能源方法。在研究实践中发现,单采用一种方法常不能达到目的,因此联合多种方法已经成为糖残基连接顺序测定的趋势。下面对糖链中糖残基连接顺序的鉴定方法进行简要描述。

(1)普通化学法

普通化学法是应用稀酸(包括无机酸和有机酸)对多糖糖链进行完全水解或部分水解,也可采用乙酰解、碱水解或酶解,将糖链裂开形成小的片段,包括低聚糖,然后应用层析、色谱等各种后处理分析方法对低聚糖产物进行结构分析,从而得出糖链中糖残基的连接顺序。此法常无法得出准确定量的结果,因此一般不单独采用。

(2)高碘酸系列氧化反应

多糖的非末端1→6键与邻三元醇类似,可与高碘酸盐作用使糖环开裂;1→2或1→4键类似于邻二元醇,开裂后生成二分子醛。而1→3键则不受高碘酸盐影响。

高碘酸氧化法:高碘酸可选择性地使糖分子中的连二羟基或连三羟基氧化断裂,生成对应的多糖醛和甲酸,且每断裂一个C-C键需消耗一分子高碘酸,因此对高碘酸用量及甲酸的释放量进行测定,即可以判断糖苷键的位置和多糖糖残基的连接顺序。多糖的过碘酸氧化反应需在偏酸性环境下进行,采用过碘酸盐作为氧化剂,在酸水解前用$NaBH_4$将双醛型氧化产物还原为醇,然后通过纸层析、气相层析、薄层色谱层析等方法对水解产物进行分析,即可得出多糖糖链中残基的连接方式。

Smith降解法:Smith降解法是很常用的氧化裂解法,可以说是一种经过改良的高碘酸氧化法。由于部分酸催化水解时会使苷元结构发生改变,Smith法则可避免强烈的条件导致的误差,Smith降解其实是将高碘酸氧化后的产物进行$NaBH_4$还原,用稀酸水解,可生成二元醇。二元醇的稳定性远弱于苷,因此室温下即可水解为具有特征性的糖连接小单元。根据降解后糖残基之间的位置关系来推断糖苷键的位置和连接顺序。如有赤藓糖生成,则对应有1→4糖苷键;若有甘油生成,则表明1→6或1→2结合的糖苷键;假若能检出单糖,那么就有1→3糖苷键存在。

(3)质谱分析法

质谱分析法(MS)作为确定糖残基连接顺序最有效的方法,已被广泛应用于科学研究,主要是根据质谱产生的碎片组成来推测糖残基的连接顺序。其主要原理是将多糖样本的分子电离并使其进入分析器,按照每一原子的质荷比例在分析器有序排开,即得质谱图。通过分析质谱图上糖链糖残基质量的增加来对多糖进行结构分析。因此MS的本质不是吸收光谱,其准确性有赖于核素的精确质量是多位小数,不存在两种核素共用一个波峰,分析器中速度慢的偏转大而速度快的偏转小,从而导致不同波峰的产生。MS还可以定性分析,但其应用有一定局限性,如对多糖组分连接顺序进行定量分析时要经过复杂的分离纯化过程,因此常与色谱法联用,完成一个复杂多糖的分析,因为色谱法是一种对多糖有效的分离方法,适用于定性分析,和质谱法优势互补。

(4)HMBC

HMBC 是指 $^1$H 的异核多碳相关谱,能将 $^1$H 核与远程耦合的 $^{13}$C 核相关联。糖残基的连接顺序可以通过 HMBC 进行初步判断,然后通过 NOESY 和甲基化结果进一步验证。通过 HMBC 能得到跳跃式的 H、C 的位置连接信息,从异头氢和异头碳的关系中推断出糖链中糖残基的连接顺序。而面对复杂的多糖,HMBC 法常无法提供更多的有效信息,因此实践中需要 ROESY 进行辅助。

(5)NOESY

多糖分子的质子之间(尤指两单糖残基中异头质子与相邻位质子间)相互接近所产生的核交叉驰豫现象称为 NOE 效应。在 H 核中,两核间距 <0.4nm 才有可能出现 NOE,NOE 的特点为能够确定没有耦合关系的核之间的关系。NOESY 是 NMR 中反应多糖立体结构较好的一种分析谱,它在一维 NOE 技术基础上进行改良,通过化学交换信息在 NOESY 谱中出现相关峰,从而推断糖链残基间的连接顺序。现如今,NOESY 是研究多糖分子构型和内部结构连接方式的重要技术。在 NOESY 谱中应用较为广泛的是 $^1$H—$^1$H NOESY 谱,与 COSY 谱不同,NOESY 不能测量核间距。在 NOESY 结果的基础上再结合其他谱,最终得到相对准确的糖链连接顺序。

(6)紫外分光光度计

紫外分光光度计法是用在紫外光区的各种波长的光,收集多糖中成分的吸收光谱,因每种分子或原子的空间排列不同,其吸收光谱的能量也不同,每种成分所对应的吸光值很少出现相同的情况,借此可以将各种成分区分开来,进而明确各成分之间的结构和连接顺序。在进行紫外分光光度计检测之前,需要应用苯酚硫酸法对多糖进行处理。苯酚硫酸法测定多糖结构中连接顺序的原理为:在多糖液中加入浓硫酸,使其水解为单糖,并产生糖醛衍生物,此衍生物能与苯酚反应形成橙红色化合物,在紫外分光光度计中的一定范围内橙红色的深浅与糖中组分含量成正比,故可在 485nm 波长(最大吸收峰时的波长)处用比色法进行鉴定。

紫外分光光度计法操作简单,结果快速观察,色差维持持久,可重复性高,适用于多数实验室。使用时应注意:一种多糖中的每种组分都需制作标准曲线;鉴定杂多糖时注意校正;使用此法时应考虑到样本量和浓度对光密度值的影响,通常控制光密度值在 0.1~0.3,通过调整多糖溶液的浓度或加样量来控制,而现实情况中,多糖的溶解度有一定限度,想要提高溶液浓度常常比较困难,因此通常改变加样量来体现光密度值的变化;在鉴定多糖时,应注意到其他杂质的影响,如 280 nm 的峰代表蛋白质,620 nm 处的峰来判断色素的有无,260 nm 处的峰来鉴别核酸。

(7)红外光谱法

红外光谱法(IR)是研究多糖链连接顺序的一种常用方法,且发展迅速,衍生技术较多。IR 可鉴定多糖的构型、其间取代基的种类和数目,还可鉴别多糖的基本类别,如吡喃糖苷在其特征峰上有 3 个吸收峰,而呋喃糖苷相应峰中仅 2 个。一般来说,物质类别不同,其对红外光区域的选择性也不同,如羟基、醚键、氨基等的吸收光谱较强,C-C 等吸收带很弱。同种基团的吸收峰必然在特定区域出现,因此可以在红外光谱的不同区域中找到各种物质所对应的峰,进而对该物质或基团的种类和数目做出推断,结合其他图像后处理技术将多糖内部的连接结构阐释清楚。IR 在医药化学方面的应用广泛,从传统仪器到如今的新技术发展,IR 得到了核心技术上的革新,已然成为多糖结构研究中的重要手段。

红外光谱法有很多的分类与分支,根据红外光波长的大小可分为近红外光谱、中红外光谱和远红外光谱,其中近红外光谱是多糖结构研究中使用较多的一种红外光谱法,故做以下简单描述。

近红外光谱(NIR)为一种介于可见光(Vis)与中红外光(MIR)之间的辐射光,一般认为波长在 780~2526nm 之间。作为人类发现的首个非可见光区,近红外光谱区经过众多学者的研究,已制造出现代化的近红外光谱仪,可将样本中的分子和基团信息特征性地反映在近红外光谱上,成本低廉,反应高效、绿色环保,适合测量的物质种类繁多,受限制较少,在医药、化学、生物等各个领域有广泛应用,是一项深受研究者喜爱且发展前景良好的技术。

主要优点:多糖无需预处理,近红外光穿透力强,使得反射技术在近红外光谱中得以应用,提高结果的准确性和抗干扰性,同时还克服了过去仪器不能实时监测的弊端,对实验人员的要求相对较低;不破坏多糖样品本身。主要缺点:分散性多糖的分析不太适用,也不适用于含 $H_2O$ 较多的多糖。

## (四)糖苷键的构型分析

糖苷键的构型决定了多糖整体的形状和物理化学性状,是多糖结构分析的重要一环,有利于后续多糖作用机制的阐明。当前对糖苷键构型分析的主要手段为核磁共振(NMR),其主要优点为适用范围广,分辨率高,结果准确,能够准确分辨出多糖中糖苷键的位置和整体构造。NMR 常分为一维和二维两种(两个时间变量和两次傅里叶变换),二维核磁共振的精确性大于一维,但一维的作用仍不可忽视,将两者相结合才能够得出客观的结果。接下来就对常用的几种 NMR 方法进行梳理总结。

1. $^1$H NMR 法

是糖苷键构型鉴定的最简便方法,此法可以区别吡喃型糖和呋喃型糖,根据各自的优势构象,解析 $^1$H NMR 图谱中信号峰的位置和宽度,从而进一步确定多糖中糖苷键的构型。耦合常数是判断苷键类型的重要指标,端基质子的耦合常数差值在葡萄糖、阿拉伯糖、半乳糖等中可以作为参考依据,但由于某些糖的端基质子耦合常数接近而且存在信号重叠,故不能完全按照耦合常数来判断糖苷键的构型。

需要注意的是:①核糖的两种优势构象自由能相近需由其他方法鉴别。②$^1$H NMR 图谱上羟基峰较宽,δ 值变化较大,可用重水除去以减少对其他质子的影响。③糖环中的糖苷键构型在 $^1$H NMR 信号重叠严重,常造成读谱困难。④异头氢的 δ 位于较低场,因此异头氢所在范围的质子信号数目即代表相应的单糖种类数;同时也可根据 δ 判断 α 型吡喃糖与 β 型吡喃糖,借此分析糖环的构型。

2. $^{13}$C NMR 法

$^{13}$C NMR 比 $^1$H NMR 的化学移位范围广,具有良好的分辨率,根据图谱结果,对照文献数据,可直接得出多糖中糖苷键的构型信息。与 $^1$H NMR 类似,多糖的异头碳 δ 位于较低场,因此异头碳所在范围的信号数目即代表相应的单糖种类数。

需要注意的是:①多糖中所含单糖位置的不同会对异头碳化学位移产生影响,在图谱上几乎完全重叠。②D-核糖和 D-古洛糖的两端基碳化学位移值差异较小,而当两者都形成甲苷后,根据苷化移位原则,α、β 甲苷端基碳移位不同,故根据此差异可以区分糖苷键的构型和分支点。甲苷化可用于其他多种多糖的构型鉴定。③取代基的空间排列不同会对结果产生影响,异头碳取代基 δ 处于高场的为垂直键,低场的则为平伏键,这可作为判断糖环中糖苷键的构型依据。现如今已有自动程序可有序的检测多糖糖苷键的构型,利用 $^{13}$C NMR 的图谱和文献中碳谱数据,以及甲基化的产物分析构建出可能的特异连接和不同位置的差异。若可结合其他 NMR 技术,则可将多糖的糖苷键构型逐步完善,这也是接下来该领域研究的方向之一,自动化分析和多技术联用已是当前多糖结构分析的必然趋势。

### 3. $^{13}C$-$^1H$ 耦合常数

当多糖中有众多单糖时,根据 $^1H$ NMR 法和 $^{13}C$ NMR 法中的端基质子和碳原子上的耦合常数或其他信息均不能对糖苷键的构型进行鉴定时,或者上述方法的结果存在严重重叠时,可考虑采用碳-氢耦合常数($^{13}C$-$^1H$ 耦合常数)来进行判断。多糖糖苷键中的端基质子处于直立键和平伏键时的 $^{13}C$-$^1H$ 耦合常数相差 10Hz 左右。多糖的优势构象和 $^{13}C$-$^1H$ 耦合常数对糖苷键构型的判断颇为重要,若优势构象是 $^1C$ 式而耦合常数约 170Hz,其构型则是 $\alpha$-D 或 $\beta$-L 型;耦合常数约为 160Hz 则对应 $\beta$-D 或 $\alpha$-L 型。而优势构象为 $^1C$ 式时,耦合常数在 $\alpha$-L 或 $\beta$-D 型时为 170Hz,在 $\beta$-L 或 $\alpha$-D 型苷键时为 160Hz。而多糖中存在两种优势构象并存的现象,就如艾杜糖与核糖。$^{13}C$-$^1H$ 耦合常数的局限性在于呋喃型糖苷的特殊性,但对于某些应用 H NMR 和 C NMR 等方法均不奏效的多糖,$^{13}C$-$^1H$ 耦合常数可作为首选方法。

需要注意的是:①可根据端基 H 的耦合常数对糖苷键进行推断的糖有葡萄糖、阿洛糖、核糖、鸡纳糖和半乳糖等。②可根据端基碳的相关信息,如化学位移来对糖苷键进行判断的糖有葡萄糖、阿拉伯糖、岩藻糖、来苏糖、木糖等。③既不能根据端基质子也不能根据端基碳进行判断的糖有:塔罗糖、鼠李糖、甘露糖等。④当上述方法不能有效判断时,可根据 $^{13}C$-$^1H$ 耦合常数进行判断。⑤想要准确判断糖苷键构型,常需要联合多种方法。

### 4. 二维核磁共振

二维核磁共振(2D-NMR)是在一维核磁共振原有功能的基础上加以改进,可将耦合常数和化学位移等信息展开并经两次傅里叶变换,从而得到两个时间变量以及独立频率变量的谱图。多糖中相同原子的化学环境差别不大,信号重叠严重,而 2D-NMR 技术可以在一定程度上避免这一现象的发生,使原先难以区别的信号峰群得到确认,进而分析多糖分子的构型及构象。二维核磁共振常分为四个阶段:预备期、演化期、混合期和检测期,其具体分类包括 COSY、N OESY、ROESY、$^1$HMQC 等。

COSY(Correlation spectroscopy,相关能谱法)是较常用的一种简单方法,包括 H-H COSY、C-H COSY 和 C-C COSY;根据脉冲序列又可分为 COSY-90、COSY-45、DQF-COSY。H-H COSY 图谱横坐标为质子化学位移,呈现的是 H 原子与 H 原子之间的化学关系,包括耦合关系和位置关系,图谱中的峰值高度代表耦合常数的大小,信号峰越高那么耦合常数越大,就可以更清晰地找出取代基。通过明确 H 与 H 之间的化学关系就在已知的端基质子或异头氢出发,遵循"从头开始"原则,对多糖链上其他质子的定位起到引导作用。H-H COSY 相对于其他 COSY 而言较为常用,因其适用范围广,对质子的位置要求不高,可为邻位,也可相距较远。C-H COSY 则是对端基质子和端基碳进行分析,利用 COSY 的方法将各自的化学位移和耦合常数显示在图谱上,寻找两者的关系,再加以分析;而 C-C COSY 则是根据 $^{13}$C 的连接顺序进行判断的一种方式,但因为多糖中 C 的天然丰度不足以清楚显示,故除非万不得已,一般不采用 C-C COSY。

TOCSY(Total Correlation Spectroscopy,总相关能谱法)是一种旋转坐标系实验,COSY 序列的第二脉冲和 NOESY 序列的最后两个脉冲被自旋锁定,被长射频脉冲取代,因此化学位移被消除,很好地克服了信号重叠导致分析困难的缺点,只要多糖的链本身杂质含量较低,那么 TOCSY 法是寻找糖苷键的构型中较为准确的方法。TOCSY 是根据糖苷键中质子的耦合常数大小来显示信号峰的,其类似于一种链式反应,传递着相干信息,当耦合常数较大时,化学信号沿着 C 链传递,在耦合常数较小位置的原子处停下,此时常可显示异头质子附近多个质子的信号峰;而耦合常数本身较小时,化学信号无法向远处传递,信号峰终止在较早,所显示的相关质子信息较少。故使用 TOCSY 不仅可以判断糖苷键的构型,还可以初步判断糖残基的类型,解析重复的结构小单元。现此法已在葡萄糖、甘露糖和脂多糖等多种糖类物质中得以应用,并都得到满意效果。

ROESY(Rotating Frame Overhauser Effect Spectroscopy,转动框架欧沃豪斯效应增强光谱学)是在旋转坐标系中 NOESY 的简称,即自旋锁定下所得到的 H-H 间的 NOE 相关关系。对于复杂多糖而言,使用 NOESY 来鉴定糖苷键的构型会显得不够准确,因为可以在图谱上呈现的 NOE 信号太少,对结构的分析十分不利。而使用 ROESY 就可以改善很多,不会出现存在某物质且含量不是很小时而信号峰为 0 的情况,而且其图谱交叉峰不仅代表空间关系,也有一部分的耦合关系。因此 ROESY 除了可以鉴定糖苷键构型之外,也可以验证糖残基的连接顺序和位置。本法适合于定性研究,对于定量研究而言,存在众多影响因素。

$^1$HMQC($^1$H detection of heteronuclear multi quantum correlation,$^1$H 检测的异核多量子相关谱)直接通过检测 $^1$H 信号从而间接测量 $^{13}$C 信号。普通 $^{13}$C 异核直接相关谱,存在着灵敏度低,样本需量大,测定时间较长等缺点。

HMQC是一种基于多量子相干原理的NMR方法,其优点为脉冲序列简单,操作简便,反式检测氢维(f2)分辨率高,但f1分辨率和灵敏度相对较低。[1]HMQC现阶段还不能得出碳与季碳之间连接关系的结论,因此在选用HMQC来鉴定多糖糖苷键构型时应注意到这一点。

### (五)糖链结构的作用

糖链的结构是一种特征性的标志,在细胞或是在其他化合物中都是如此,被称为"后基因组时代"的重要课题。糖链可以决定细胞的类型,同时也可以决定细胞与细胞之间的连接关系,糖链的结构是糖生物化学研究的核心。例如精子与卵子相遇过程,其速度超乎想象,因此需要精确的糖链结构来建立连接,使其快速封闭结合位点形成受精卵;糖链结构在癌细胞中也扮演着重要角色,糖链的消耗是肿瘤细胞无限增殖的基础之一。多糖本身的糖链结构也对多糖的理化性质和生物活性有着深远影响,其优势构型的不同,均会导致溶解性、乳化性等的不同。因此,可以说糖链结构是物质的"门面",根据该"门面"的特征,我们就可以得出该物质的部分相关信息。同时,它还是生命活动中不可缺少的一种结构,许多疾病都与糖链结构的改变密切相关,所以无论从生物化学角度还是临床角度,糖链结构的研究必须得到我们的关注。21世纪以来,世界各地的研究人员已对糖链结构进行了深入探索,我国也配备了糖链研究的重大项目,旨在解释糖链在各种疾病或生物学现象中的规律,为临床用药打下基础,现已初得成效。

## 五、多糖其他理化性质的测定

多糖具有独特的理化性质,如高渗透压、高黏性、吸水性、凝胶性等,国内外主要通过压力、循环次数、料液比等因素变化来研究DHPM对多糖流变性、凝胶性、溶解性、吸水性、热力学特性等方面的影响。

### (一)多糖流变性的测定

多糖在实际应用中,必须考虑到流变性,其流变性的不同直接影响了在机体内的吸收和代谢过程。较常见的流变性指的是黏度,多糖中糖链越简单,相互结合越少,黏度就越小,越有利于注射给药和食用。多糖流变性主要受pH值、浓度、相对分子质量、添加剂等的影响,改变这些因素,对多糖的实际应用有所帮助。

## (二)乳化性与增稠性

多糖经 DHPM 一定压力或者循环次数的处理,会使其中的亲水与疏水基团更多地暴露出来,增强其亲水亲油的能力。大豆多糖在 DHPM 处理过程中,处理达 4 次时,亲水与疏水基团暴露较多,分子质量及粒径分布向中分子质量靠拢,使得乳化性和乳化稳定性达到最高。

## (三)多糖凝胶性的测定

某些多糖经过提取后具有增稠成胶的作用,主要分为冷凝胶和热凝胶。常见的具备良好凝胶性的是果胶复合物、卡拉胶和海藻酸钠等,应用动态高压微射流技术(DHPM)可对凝胶性进行鉴定。

## (四)多糖比旋度的测定

多糖的比旋度常是决定其物理特性的指标,每种多糖都有各自的比旋度,很少出现相同,因此使用旋光仪测定比旋度可作为鉴定多糖类型的手段。

## (五)多糖溶解度的测定

多糖相对分子质量较大,一般对水的亲和力很小,只有一些相对分子质量小、分支少的多糖的水溶解性才会较大。但多糖在酸碱溶液中的溶解性较大,部分多糖可在酸或碱溶液中完全溶解,借此也可对多糖类型进行分析。

综上所述,世界范围内对多糖的研究已经有了巨大突破,在过去几十年的研究历程中,多糖的结构和内在特性的解析已经有很好的研究基础。放眼当今先进仪器的不断出世,结合原有的传统技术,多糖的研究已经有了长足的进步,但是在多糖分离、纯化、质控等方面仍显得比较棘手,尤其是对复杂多糖结构的研究,无法做到重复性高、结果一一对应的结果,使得多糖结构的研究很难有一个稳定的标准。而且对多糖活性的研究更多地停留在体外实验阶段。目前开发出的活性多糖只有几种,如香菇多糖、灵芝多糖和云芝多糖等,并且它们是通过静脉注射的方式进入人体发挥功效的。多糖在体内的作用机制,包括在细胞膜或脂质体表面的构象作用,多糖、磷脂及蛋白质缔合的化学和物理进程以及这类分子聚集体所形成的微环境与它们的生物功能之间的关系等还有待深入地研究。而下一阶段针对多糖的各项研究,应注意以下几个方面:

(1)对分离提纯工艺进行改进,减少多糖中杂质对结果的影响。

(2)提高仪器检测的分辨率,使结果与多糖一一对应。

（3）对于复杂多糖的研究可采用分区域检测的方法，明确每一个小区域的结构，再将完整多糖的全貌显现出来。

（4）在多糖活性作用机制的研究上，必须联合多种方法，对结果进行综合分析才能得出相对准确的结论，而且需要重复实验加以验证。

参考文献

[1]寿旦，章建民，俞忠明，张淑珍.酶法测定不同产地白术中的多糖含量[J].浙江中医杂志，2008，45(2):142-143.

[2]胡奎三.旋光光度测定法简介[J].辽宁药物与临床，1999，2(1):1-3.

[3]季宇彬.中药多糖的化学与药理[M].北京:人民卫生出版社，2005.

[4]缪月秋，顾龚平，吴国荣.植物多糖水解及其产物的研究进展[J].中国野生植物资源，2005，24(2):4-6.

[5]Stefan W, Andrey P, Tarja T, et al. Carbohydrate analysis of plant materials with acid-containing Polysaccharides-A comparison between diferent hydrolysis and subsequent chromatographic analytical techniques [J]. Industrial Cropsand Product, 2009, 29:571-580.

[6]李东娟.纤维素在离子液体中溶解及反应性能的研究[D].大连:大连轻工业学院，2007.

[7]陶乐平，丁在富，张部昌.气相色谱在多糖结构测定中的应用[J].色谱，1994，12(5):351-354.

[8]柴连周，杨明妮，毕先钧.微波助离子液体中松木屑稀酸水解性能的初步研究[J].云南化工，2011，38(1):1-3.

[9]Zhao JQ, Monteiro MA. Hydrolysis of bacterial wall carbohydrates in the microwave using trifluoroacetic acid[J]. Carbohydrate Research, 2008, 343(14):2498-2503.

[10]于淑娟，高大维，李国基.超声波对多聚糖结构特性的影响[J].应用声学，1998，17(3):10-14.

[11]Dadi A P, Schall C A, Varanasi S. Mitigation of cellulose recalcitrance to enzymatic hydrolysis ionic liquid pretreatment [J]. Applied Biochemistry and Biotechnology, 2007,137(12):407-421.

[12]李娜，宗同强，陈彩娥，曾钦繁，张儒.多糖酸水解预处理方法的研究进展[J].广州化学，2013，38(3):85-88.

[13]Corsaro M M，Castro C D，Naldi T，et al. [1]H and [13]C NMR characterize
-ation and secondary structure of the K2 polysaccharide of Klebsiella
pneurmmiae strain 52145 [J]. Carbohydrate Research，2005，340(13)：
2212-2217.

[14] Rout D，Mondal S，Chakraborty I，et al. The structure of a
polysaccharide from fraction-H of an edible mushroom，Pleurotus florida
[J]. Carbohydrate Research，2006，341(8)：995-1002.

[15] SuOrez E R，Kralovee J A，Noseda M D，et al. Isolation，
characterization and structural determination of a unique type of
arabinogalaetan from an immunostimulatory extract of Chlorella
pyrenoidosa[J]. Carbohydrate Research，2005，340(8)：1489-1498.

[16]刘红，王凤山.核磁共振波谱法在多糖结构分析中的作用[J].食品与药
品，2007，9(8A)：39-43.

[17]Landersjo C，Weintraub A，Widmalm G，et al. Strutural analysis of
the O-antigen polysaccharide from the shiga toxin-producing Escherichia
coli0172[J]. Europen Journal of Biochemistr，2004，268(8)：2239-2245.

[18]Ye LB，Zhang JS，Ye XJ，et al. Structural elucidation of the polysaccharide
moiety of a glycopeptide（GLPCW-Ⅱ）from Ganoderma lucidum fruiting
bodies [J].Carbohydrate Researc，2008，343(4)：746-752.

[19]杜秀菊，张劲松，潘迎捷. 核磁共振技术在食用菌多糖结构分析中的作
用[J]. 中国食用菌，2010，29(1)：3-6.

[20]焦安英，李永峰，李玉文. 多糖糖链一级结构的测定技术[J]. 中国甜菜
糖业，2008，(3)：37-39.

[21]Podlasek CA，Wu J，Stripe WA，et al. [[13]C] Enrichedmethyl
aldopyranosides：structural interpretations of [13]C-[1]H spin-coupling constants
and [1]H chemical shifts[J]. J Am Chem Soc，1995，117：8635-8644.

[22]Paradowska K，Gubica T，emeriusz A，et al. [13]C CP MASNMR and
crystal structure of methyl glycopyranosides[J]. CarbohydrRes，2008，
343：2299-2307.

[23]Bock K，Pedersen C. A study of [13]CH coupling constants in pentopyranoses
and some of their derivatives[J]. Acta Chem Stand B，1975，29：258-264.

[24]裴月湖，华会明，李占林，陈刚. 核磁共振法在苷键构型确定中的应用
[J]. 药学学报，2011(2)：127-131.

[25]李亚楠，刘红芝，刘丽，石爱民，王强. 动态高压微射流处理过程对多糖结构与理化性质的影响研究进展[J]. 食品科学，2015(7)：211-215.

[26]章文琴. 动态高压微射流技术对大豆多糖组分、结构及功能特性的影响[D]. 南昌：南昌大学，2010：40-68.

[27]谢明勇，聂少平. 天然产物活性多糖结构与功能研究进展[J]. 中国食品学报，2010，10(2)：1-11.

# 第三章 多糖已有功能与应用研究

## 一、概述

多糖具有多种生物化学活性,几乎是一切有机生命体的基础组成成分并且与维持生命所必需的多种生理功能有关,现已发现其在癌症治疗、降低血糖和增强机体免疫力等方面都有巨大的潜力。由于多糖具有多样且强大的生物活性功能,且毒副作用相对于其他药物几乎可以忽略不计,故其在食品和临床药物范畴具有很大的应用前景,这使多糖日益成为临床药物、生物分子化学和基础医学学科的研究热点。随着对多糖结构的研究不断深入,多糖化合物的功能研究也得到了很大的发展,现今多糖的研究对象包括真菌类、地衣类和植物花粉等,研究范围涉及多糖的分离纯化、结构分析、理化性质、免疫学药理学以及临床应用等,尤其是对多糖的免疫增强作用机制的研究已经深入到分子和受体水平。

人们已发现多糖有很多生物化学方面的功能,如增强机体免疫力,抗病毒和细菌,降低血糖和血脂,抗衰老和抗辐射等。多糖发挥其生物活性功能时,既可增强机体免疫功能,也可调节机体细胞的分化、抑制细胞衰老。因此,多糖作为一类有良好生物活性的大分子物质,能够影响机体细胞的识别、生长、分化、凋亡、癌变、抗病毒感染、免疫应答等方面,现已成为临床医学和食品保健产业的重要聚焦点。但这些功能并非彼此独立,因为多糖的基本骨架本质上并没有存在很大的差异,故有些多糖具有多种不同的生物活性,或者很多多糖的作用机制可能相同。

20 世纪 50 年代末,日本科学家发现香菇中存在可以抑制肿瘤的生长并且可以使肿瘤的体积明显缩小的一些特殊物质,并且后来证实这种物质就是香菇多糖。在随后的几十年里多糖的生物化学功能研究不断深入,发现多糖具有抵抗细菌和病毒,增强机体免疫力的功能,为其成为优良的保健药品打下了良好的基础,现如今以多糖为主要成分的保健品大规模地进入市场,对人类健康做出了许多新的贡献。

## 二、多糖的结构与功能

### (一)多糖的基本结构

结构决定功能,多糖的功能研究都是围绕多糖的结构研究而展开的。多糖的结构相对于蛋白质要复杂得多,是现阶段发现的最复杂的生物大分子,对其生物功能研究和化学合成有很大的困难,故现阶段对多糖的基本结构及其分类的研究是十分必要的。

前文提到多糖由十个到几千个单糖通过糖苷键相连而成的且具由较多的支链,空间结构相当复杂。所以现今一般将多糖的结构分为四级。

多糖一级结构的研究围绕多糖的糖基种类和排列顺序、支链的位置及长短等几个方面展开。多糖的一级结构比核酸和蛋白质要复杂得多,并且多糖的糖残基上可以连接硫酸和甲基化等基团,这就使多糖的一级结构更加复杂,不仅需要考察基本单糖的种类,还需要对其多样的支链基团进行深入的考察。多糖的二级结构是指多糖骨架链间以氢键形式结合的各种聚合体,多糖的骨架链会通过氢键相连形成聚合体。糖苷键通常有两个可旋转的二面角,在特殊情况下会有第三个,多糖的二级结构一般由这三个二面角的取值决定。由于基本单糖的羧基和羟基等与支链上的硫酸基等基团之间存在明显的非共价作用力,这就是多糖三级结构的形成基础,这种非特异性作用力使得多糖在二级结构的基础上会继续折叠压缩形成特定的形状和构象,此即为多糖链的三级结构。多糖的多聚链之间会通过非共价键结合的形式而形成多聚体,此即为多糖的四级结构。

### (二)多糖的构效关系

多糖的各级结构和多糖不同的生物化学功能之间存在紧密的联系,简单来说就是多糖特异的结构决定了多糖特异的功能。多糖的结构一旦发生改变,功能便随之改变,所以现阶段要想将多糖广泛应用于各个领域中,当务之急是深入对多糖构效关系的认识。目前的实验结果证明,多糖的四级结构可以支撑起其不同的生物化学功能。

1. 一级结构与多糖功能的关系

多糖的一级结构主要包括多糖的单糖组成、糖苷键类型和侧链分支度等，这几个因素对多糖的生物化学功能具有不同程度的影响。

（1）多糖单糖的来源不同，组成不同，其功能也不相同。现有实验分析八种多糖的单糖组成及其抗氧化能力和单糖组成之间的联系。选取八种从中草药中提取出来的水溶性多糖，首先分析其单糖组成，然后通过实验检测其DPPH自由基清除能力，实验结果表明抗氧化性活性强的水溶性多糖的组成单糖中均含有Xyl，其中几个多糖还含有GlcU，剩余几个抗氧化功能相对较弱的水溶性多糖样的组成单糖组成中则基本不含Xyl。鉴于Xyl与$1/IC50$相关系数较高，从而可推断出Xyl与GlcU有助于提高多糖的抗氧化活性。而抗氧化活性较弱的多糖，其组成单糖中并未发现Xyl与GlcU结构。八种中药材多糖其单糖主链的组成和含量不同，其体外抗氧化活性就不同。由此可得，多糖的单糖组成对其功能具有一定的影响。

（2）多糖功能的发挥与多糖的糖苷键类型也存在很大的关系，其中以主链的糖苷键对多糖功能影响为主。以香菇多糖和淀粉在抗肿瘤功能上的差异为例，香菇多糖具有良好的抗肿瘤功能，但是同为多糖的淀粉则没有抗肿瘤功能，这和两者主链的连接方式不同（即糖苷键的类型）存在很大的联系。研究表明，大多数（1，3）糖苷键含量较高的多糖会具由更强的生物化学活性，以凝结多糖和地衣多糖为例，凝结多糖是一种（1，3）-葡聚糖，而地衣多糖中（1，3）-葡聚糖的质量分数仅为33％，这两种多糖在相同的条件下，凝结多糖及其化合物的抑瘤率要远远高于地衣多糖及其衍生物，说明含有（1，3）键型的葡聚糖多糖的抗肿瘤活性更强。除了葡聚糖及其化合物以外，其他多糖的生物化学功能也和糖苷键类型密不可分。

（3）多糖的侧链分支度就是每个糖单位所具有的平均分支数目，也被称为取代度。多糖侧链分支度与其生物化学功能并不是正比的关系，分支度太高或者太低的多糖其生物化学活性一般都很低，分支度中等的多糖的生物化学活性反而更强，有更好的研究前景。以香菇多糖和裂褶菌多糖为例，它们的分支度仅为0.33，但是它们具有很强的生物化学功能。

2. 高级结构与多糖功能的关系

多糖主链的柔韧性和其生物活性有很大的联系，主要由多糖的二级和三级结构决定。现将高山红景天多糖进行硫酸化，使其主链高度伸展，柔韧性大大增强，抗肿瘤的功能较未硫酸化之前明显增强。由此可以得出，多糖主链的柔韧性对多糖发挥抗肿瘤等生物学功能有很大的影响。多糖主链的柔韧性大小和抗病毒功能强弱也存在一定的联系,研究证明,抗病毒活性较强的多糖其主链的柔韧度一般比较低,以 $\gamma$-卡拉胶和 $k$-卡拉胶为例,$\gamma$-卡拉胶的柔韧度比 $k$-卡拉胶要低得多,其抗病毒活性也远高于后者。

　　研究认为,多糖的空间构象对其生物学功能的影响较初级结构影响更大,特定空间构象是多糖生物学功能的基础,具有特定空间结构的多糖才能发挥相应的生物学功能,比如香菇多糖具有三股螺旋结构,故其抗肿瘤活性十分强大。但是从多种植物中分离出一种 β-(1,3)/β-(1,6)-D-葡聚糖结构的多糖,其空间构象很不规则,但是它也同样显示出明显的抗肿瘤活性。这个发现从一定程度上否定了空间构象在多糖功能上的决定地位。尽管如此,大多数生物学功能较强的多糖(尤其是葡聚糖),其空间构象一般都很规则,尿素可破坏香菇多糖的三股螺旋构象,空间构象一旦被破坏,其抗肿瘤的功能也马上就消失了;尿素和氢氧化钠可使裂褶多糖,可以促进产生规则的空间构象,从而表现出抗肿瘤功能。这些现象表明,特定的规则空间构象与多糖的生物学功能密切相关。关于多糖具有何种空间构象时功能活性最强这一问题也有不同的报道,一般认为,三股螺旋构型多糖是生物活性最强的多糖,但分离出的单股螺旋构象的多糖被证实其功能活性比具有三股螺旋结构的功能活性还要强。

　　多糖的高级结构(主要是空间构象)与活性的关系由于受到多糖空间结构检测能力的不足等限制,目前研究还不够深入,还有待进一步研究。

### 三、多糖的理化性质与功能

#### (一)多糖分子质量和功能

　　多糖分子的分子质量和体积过大不利于多糖分子穿过多重生物摸结构发挥功能,故某些多糖大分子在降解成分子质量相对较小的小分子后,会产生截然不同的生物化学功能,以大分子肝素为例,其经过生物降解后会被切割成小分子肝素,小分子肝素相对于大分子肝素具有明显的优点,如生物利用率高,体内停留时间长,对抗大分子肝素的出血倾向;在多糖方面,裂褶多糖早期因为分子质量过大而无法被机体有效地吸收利用,故无法用作临床药物,后来利用超声波破碎技术将其转化为小分子,小分子裂褶多糖现已经广泛用于临床药物和保健食品领域。有研究发现硫酸化凝集多糖的抗凝血功能与其相对分子质量呈峰型关系,即分子质量在一定范围内的硫酸化凝集多糖有较强的抗凝血功能;有研究指出相对分子质量在 $7 \times 10^3 \sim 11 \times 10^3$ 内的硫酸化凝集多糖,其抗凝血功能随着该多糖的相对分子质量的增加而增加,这就说明了多糖具有发挥其生物化学功能的最适分子质量范围,超过或无法达到该值均会使多糖的生物化学功能大打折扣,由此可见,多糖的生物化学功能与其相对分子质量存在密切的联系。

## (二)多糖黏度与多糖功能关系

多糖的黏度主要是由于多糖分子间的氢键相互作用而产生,受多糖分子质量大小的影响,是其能否用作临床药物的重要评价指标。若多糖黏度过高,就会影响多糖在机体内的扩散和吸收,从而使得多糖的药理作用大大下降。现阶段降低多糖黏度主要通过引入支链来破坏氢键,或利用降解及破碎等方法来降低多糖的相对分子质量,从而提高其功能活性。例如羟甲基可以使纤维素多糖之间的氢键发生断裂,从而降低的纤维素多糖的黏度。裂褶多糖起初由于黏度大而无法在临床使用,后来采用超声技术在不破坏其结构的前提下使之发生降解,从而降低其黏度。以上两种多糖通过不同的途径降低其黏度,但是其基础空间结构没有变化,故其抗肿瘤功能保持不变而生物利用率大大提高。因此,在物理层面上降低多糖的黏度可以促进多糖及其化合物发挥生物化学功能。

## (三)溶解度与多糖功能关系

多糖在机体内发挥生物化学功能的基础是具有良好的水溶性,良好的水溶性可以促进多糖在机体内的扩散和吸收,从而加快多糖到达治疗靶点。研究发现生物活性功能较强的多糖一般都具有良好的水溶性,而不溶于水的多糖一般不具有生物化学活性。现阶段主要通过降低多糖的相对分子质量,或引入支链破坏多糖分子间的氢键作用力来提高机体水溶性来增强多糖的生物化学功能。以灵芝多糖为例,灵芝多糖不溶于水,通过超声波破碎等技术降低其相对分子质量,发现其小鼠体内抑癌率明显升高。也可以在灵芝多糖中引入羟甲基,破坏多糖分子间的氢键作用力,增强灵芝多糖水溶性,在体外表现出一定的抗肿瘤活性。还有一些含有疏水支链的多糖不溶于水,经过氧化还原后才溶于水,从而增强其生物学功能。因此,降低多糖的分子质量、加入支链或对支链进行适当修饰等都可以使多糖的溶解度大大增加,发挥更大的生物化学功能。溶解度对多糖功能的发挥也具有重大的影响

多糖的多级结构决定多糖的理化性质,理化性质决定多糖的生物化学功能。因此,对于多糖的构效关系研究应该从结构出发,联系多糖的理化性质,

再综合考虑多糖的生物化学活性,不应当仅仅停留于某一层面,而应综合考虑这三者的相互作用。

### 四、多糖在医药方面的功能

随着对多糖的结构、理化性质和生物化学功能的研究不断深入,大量研究证明多糖是一种细胞生物生命活动中的重要信息载体,几乎参与所有的生命活动,尤其是在细胞的分裂分化、老化凋亡、癌变、免疫及生理信息传递过程中有非常重要的作用,以特异性识别功能和介导调控功能为主。多糖的功能被不断地发掘,其在抗肿瘤、抗老年痴呆、抗病毒、增强机体免疫力等方面均得到了很大的进展。

## (一)抗肿瘤

肿瘤是指机体在各种物理化学生物等致癌因素的作用下,局部组织细胞的基因表达发生改变,无限增殖分裂所形成的一种新生物,严重威胁人类生命安全,其中以恶性肿瘤为甚。目前治疗恶性癌症的主要方法为化疗,然而现今多数化疗药选择性都非常低下,大部分抗肿瘤化疗药物会同时对肿瘤细胞和机体正常细胞产生很大的毒害作用,会对机体产生很大的损害。因此寻找到一种选择性较高而且毒性较低的抗肿瘤药物已经成了当务之急。

20世纪50年代香菇多糖的抗肿瘤功能被发现,然后又从地衣和许多药用植物中分离提纯出多种多糖化合物并通过实验确定了其抗肿瘤活性。其后引发了多糖抗肿瘤研究的热潮,先后有科研工作者进行了多糖抗肿瘤的体内和体外研究,并从多糖对肿瘤细胞膜组成、磷脂酰基醇转换、抗癌基因、机体免疫力等方面的影响分析其抗肿瘤作用的相关机制。

### 1. 多糖体外抗肿瘤研究

多糖的体外抗肿瘤功能良好。以牛膝多糖为例,牛膝多糖的黏度和相对分子质量小,具有良好的水溶性,同时可以明显增强机体的免疫功能。

田庚元等用牛膝多糖对S180荷瘤小鼠进行连续7天用药,实验结果显示牛膝多糖对小鼠S180肉瘤的抑制率为31.0%~40.0%,合用环磷酰胺(单次抑瘤率为17%)后,抑瘤率变为58%,说明牛膝多糖和环磷酰胺有明显的协同作用。陈红等研究了牛膝多糖对小鼠肉瘤(S180)、小鼠肝癌(H22)的抑制作用以及对环磷酰胺所致正常及荷瘤小鼠外周白细胞减少的影响,从实验结果可知牛膝多糖对小鼠肉瘤和肝癌都有明显抑制作用,同时还可以抑制外周白细胞数量下降,增强机体的免疫功能。除此之外,香菇多糖和银耳多糖等也具有与牛膝多糖相似的功能。用 MTT 实验研究刺五加多糖和茯苓多糖对 S180 和 K562 的体外增殖效应,结果发现刺五加多糖和茯苓多糖对两种细胞株均有明显的细胞毒性作用。中国医科大学免疫学研究室用体外细胞毒性实验证明,人参多糖致敏血清对人或鼠的肿瘤细胞均有不同程度的杀伤和抑制作用,云芝多糖体外对腹水肝癌 AH-B、艾氏腹水癌、白血病 L1250、肉瘤 S180、白血病 P368、M-C 肉瘤、腺癌-755 的增殖均有抑制作用。

2. 多糖的体内抗肿瘤研究

多糖在机体内的抗肿瘤功能同样强大。以香菇多糖为例,其同样具有体内抗肿瘤和增强免疫活性功能。

香菇多糖对小鼠腹水型 S180 和 H22 有很好的抑制作用,注射香菇多糖的患癌小鼠生存周期明显延长。对 S180 肿瘤小鼠按照 6.6 mg /kg·d 的剂量标准连续注射香菇多糖 10 d,实验结果统计得出此条件下香菇多糖的抑瘤率为 42.0%。对患 B22 肿瘤的小鼠按照 5 mg/kg·d 的剂量标准连续注射葡萄糖 10 d,抑瘤率为 43.0%。除此之外,还发现茯苓多糖对 S180 肉瘤也有非常明显的抑制作用,在同等条件下可达 57.5%,对腹水型实体瘤的抑制率则为 27.6%。此外,用海带多糖以 20 mg/kg·d 的剂量腹腔注射,持续 10d,对 S180 肉瘤的抑制率可达 35.0%以上。

3. 多糖抗肿瘤作用机制研究

多糖通过多种机制执行抗肿瘤功能,现已经明确的是多糖可以通过直接改变肿瘤细胞膜组分、影响 PI 转换、影响癌基因的表达、抑制肿瘤细胞的增殖、抗氧化、清除自由基、诱导肿瘤细胞分化和增强机体免疫力等机制来发挥其抗肿瘤作用。

(1)多糖通过影响细胞膜组分抗肿瘤

恶性肿瘤的细胞膜组分较正常细胞的膜组分存在明显差异,细胞膜组分的改变会引起一系列的细胞生化活性功能改变,多糖可以改变细胞膜组分以此来达到抗肿瘤的目的。例如牛膝多糖和黑木耳可以提高细胞膜中的 S180 成分来执行抗肿瘤功能。

以黑木耳多糖为例,黑木耳多糖是黑木耳中最重要的生物化学活性物质,在抗肿瘤、增强免疫、降血压、降血脂和血糖等方面起着重要的作用。黑木耳多糖由多种组分构成,其中主要以水溶性的葡聚糖Ⅰ和非水溶性的葡聚糖Ⅱ为主,葡聚糖Ⅰ的水溶性较强,故其在生物体内的生化活性更强。

研究表明,黑木耳多糖可以降低 SA 蛋白的水平,而 SA 是广泛分布于细胞膜表面的一类受体,主要为糖蛋白和糖脂链的残基。SA 在细胞增殖分化和识别,肿瘤细胞扩散等生理过程中均起到非常重要的作用。因此,细胞膜上 SA 含量的改变会引起细胞一系列的生理过程改变。实验证明,随着肿瘤的生长,腹水和血清中 SA 水平会增加,并与肿瘤的生长和类型呈相关性,细胞膜表面 SA 水平与肿瘤的恶性程度呈正相关,肿瘤细胞比正常细胞更易产生 SA。同时 SA 在肿瘤的病理过程中具有"抗识别作用",许多癌化细胞的表面富含 SA 黏蛋白,其水平高达膜上蛋白总水平的 0.5%,而在正常细胞表面,这类成分很少或基本没有,因此推测这种变化可能和癌细胞逃避免疫攻击的机制有关,并有可能和癌细胞的转移有很大关系。进一步将癌细胞分离出来,用唾液酸苷酶除去细胞表面的 SA,再注入体内,结果导致体内原有的癌细胞解体或消失。

(2)多糖通过影响 PI 转换抗肿瘤

PI 转换是指存在于细胞膜与内质网上的 PI 在其激酶催化下发生磷酸化反应,研究表明在恶性肿瘤细胞中 PI 转换明显增强,同时也可以促进原癌基因的表达。故多糖通过干扰或抑制 PI 转换可以明显发挥抗肿瘤功能。

以刺五加多糖为例,刺五加多糖是从五加类植物刺五加的根提取的多糖。它是由 2.1%~6.1%的碱性多糖和 2.2%~5.6%的水溶性多糖组成。当前实验首先进行磷酸化反应,反应的系统中含 40 $\mu mol/L$ ATP、40 mmol/L Tris HCl 缓冲液(pH7.4)、适宜浓度的药物、20 mmol $MgCl$、50 $\mu g$ 膜蛋白、最后总体积为 100 $\mu L$。在 1.5 mL 小试管中加入适量 ATP 启动反应,30 ℃条件下反应 5min 后加入冷氯;用甲醇混合液 500 $\mu L$ 终止。然后进行肌醇磷脂分析,磷酸化反应停止之后,向试管中加入氯仿和 1.2 mol/L HCl 各 250 $\mu L$,振荡后离心分层、弃上层,下层使用 1.2 mol/L 的 HCl:甲醇混合液(1:1,V/V)500 $\mu L$ 抽取磷脂氯仿相,以 $N_2$ 流吹干。以 25 $\mu L$ 氯仿:甲醇混合液(2:1,V/V)溶解残渣。最后行薄层层析,与标准的 PI、PIP、PIP2 做对比,在碱性展开剂中展层。用 X 光片包片做放射自显影参照标准品 Rf 值确定显影斑点位置,刮下与斑点位置相对应的硅胶做液闪计数。

实验结果显示,刺五加多糖明显降低肿瘤细胞膜 PI 转换。PI 转换增强是恶性肿瘤细胞的一个明显的特征性生化改变,PI 转换增强的细胞,其增殖活性明显增强。因此多糖降低 PI 转换率的机制对于抑制肿瘤的发展具有重要意义。

（3）多糖通过影响抗癌基因的表达抗肿瘤

p53 是公认的抗癌基因，当细胞的 DNA 受到损伤或复制过程中出现异常时，p53 基因就会立刻被激活，从而使细胞周期停滞，从而抑制肿瘤细胞的恶性增殖。以地黄多糖为例，地黄多糖可促进 p53 基因的表达，有实验将 Lewis 肺癌细胞随机分成地黄多糖各浓度梯度组和生理盐水对照组，每组的细胞总个数约为 $5\times10^6$ 个。各浓度给药后，在 37 ℃、5% $CO_2$ 孵箱中连续培养 12、24 h，收集细胞备用。每组取 $5\times10^6$ 个细胞置于 5 mL 的离心管中，加异硫氰酸胍变性溶液 0.6 mL。提取的总 RNA 置于 $-20$℃ 环境下保存，后用紫外定量，用甲醛变性凝胶电泳鉴定 RNA 质量。对 RNA 进行 PCR 扩增，产物进行 10% 聚丙烯酰胺凝胶电泳，压片，放射，自显影，然后扫描，以 p53 与 β-actin 吸收峰面积的比值对模板量作图，选择最适的模板量。计算出 p53 和 β-actin 吸收峰的面积的比值，比较各组间 p53 / β-actin 的比值大小。

实验结果表明，Lewis 肺癌细胞中的 p53 基因在受到地黄多糖的刺激下表达明显增加。p53 是目前所公认的一种抗癌基因，其表达产物的增多即意味着癌细胞周期得到有效阻断，使癌细胞无法增殖。除此之外，p53 基因与细胞的凋亡也存在密切的联系。从此实验结果可知，地黄多糖可以通过影响细胞的信号转导通路使 p53 基因的表达明显增加，阻断肿瘤细胞的周期，诱导肿瘤细胞的凋亡，也可以促进肿瘤细胞转变成正常细胞，从而产生明显的抗肿瘤作用。因此，多糖可以调控癌基因的表达来达到抗肿瘤的功能。

（4）基于细胞毒性直接杀死癌细胞

多糖作为一种高效的免疫反应调节剂可以增强机体的免疫功能而直接杀死肿瘤细胞。活性多糖的直接杀伤作用仅针对肿瘤细胞，而对正常细胞几乎没有任何影响，高特异性是多糖最显著的优点之一。现如今香菇多糖、灵芝多糖、云芝多糖、猪苓多糖、当归多糖和甘草多糖等已经广泛应用于临床患者的抗肿瘤治疗。

香菇多糖是由日本学者千原吴郎在 20 世纪 60 年代从香菇子实体中分离出来的，它既可以抑制肿瘤，可以提高机体的免疫活性。并且证实该多糖抗肿瘤机制是胸腺依赖性的，需要 T 细胞的参与。研究表明，香菇多糖可以促进 T 淋巴细胞的成熟分化，诱导白介素-2（IL-2）的产生并且激活和提高 NK 细胞的活性，发挥直接杀伤肿瘤细胞的功能。该多糖也可以激活巨噬细胞，并且在 IL-2 的协同作用下，促进 NK 细胞的成熟，发挥其杀伤肿瘤细胞的作用，尤其对胃癌和肺癌等的疗效良好。同时，香菇多糖也可以作为免疫辅助药物，用来增强患者的机体免疫力，从而抑制肿瘤的生长和转移，延长患者生存期。香菇多糖还可以增强化疗药物的作用,并降低化疗药物的肝功能损害和外周白细胞下降等毒副作用。

灵芝多糖为灵芝类的次生代谢产物,是一种灵芝孢子粉或灵芝的提取物。灵芝多糖为葡聚糖的一种,由三股单糖链构成,并且具有螺旋状立体构形的,分子质量从数千到数十万的大分子化合物。灵芝多糖除含有葡萄糖外还含有半乳糖、木糖、岩藻糖、甘露糖等多种单糖,但含量较少。灵芝多糖可通过提高机体的免疫力、改变肿瘤细胞周期分布、抑制肿瘤细胞增殖和促进肿瘤细胞凋亡、抑制肿瘤细胞的转移侵袭、降低肿瘤细胞的黏附性、提高肿瘤细胞的免疫原性、抗氧化和清除自由基、促进肿瘤细胞分化等机制起到抗肿瘤的功能。现在由于灵芝多糖独特的生理活性且安全无毒,已经被广泛地应用于医药行业。癌症病人在经过放疗和化疗后机体免疫系统受到很大的损伤,此时将灵芝多糖与放化疗配合使用,可以提高患者的机体免疫力以此提高肿瘤治愈率,并且可以抑制癌细胞的转移扩散。

云芝多糖的主要来源为云芝,该多糖为富含 β-1,4 糖苷键的葡聚糖,主要由半乳糖、甘露糖、木糖和阿拉伯糖等组成。云芝多糖是一种有效的免疫调节和增强剂,它主要通过上调 T 淋巴细胞的免疫功能来调节和增强机体的免疫功能和抗肿瘤功能。同时云芝多糖还可以保护肝脏,调节细胞生长分化和衰老凋亡,在临床上通过提高患者的免疫功能来以治疗肺、乳腺等部位的肿瘤,但是相比于灵芝多糖等其更容易产生一些肝肾损伤症状,不良反应较明显。

猪苓多糖是从中药猪苓中分离出来的大分子多糖。猪苓多糖可通过抗氧化和清除自由基、抑制肿瘤细胞增殖和促进肿瘤细胞凋亡、影响肿瘤基因表达水平、增强机体免疫力、下调肿瘤细胞免疫抑制等机制发挥抗肿瘤功能,是一种高效的植物性免疫增强剂。现在临床上主要应用于针对肺癌和胃癌等的治疗。

当归多糖是当归主要的水溶性成分,主要由 D-葡萄糖、L-阿拉伯糖和半乳糖酸等组成。当归多糖可以明显改善机体的血液循环系统,并且保护肝脏和提高机体免疫能力。故在临床上已经被制成复方制剂,主要用于提高机体的免疫力和提高抗肿瘤治疗的疗效。当归多糖冲剂现也已经广泛应用于减轻化疗和放疗的毒副作用。

天然多糖及其化合物具有抗肿瘤和增强机体免疫的功能,部分多糖类化合物已经广泛应用于临床药物治疗并效应明显,且无明显的免疫抑制等毒副作用。但现如今多糖分离和提纯技术的存在缺陷,无法在保留多糖生物化学活性的基础上高效地分离和提纯多糖,造成多糖发展的障碍。同时对多糖抗肿瘤和免疫增强功能的机制研究不够深入,无法为肿瘤的治疗提供新的有效的靶点。故多糖的研究发展前景良好,对肿瘤治疗和保健方面有重要的意义。

## (二)治疗阿尔兹海默

阿尔茨海默病(AD)是一种常见的神经系统退行性疾病,又被称为叫老年痴呆症,临床上以记忆障碍、执行障碍、认知障碍、语言障碍、空间认知障碍及人格和行为的全面改变等表现作为其特征。AD 病因至今仍不明确,现如今 AD 的临床治疗药物一般为中枢胆碱酯酶抑制剂、左旋多巴和以维生素 E 等抗氧化剂,但是这些药物不能根治 AD,随着用药时间的延长,其效果会不断下降,并且在一定程度上会加速 AD 的发生发展,毒副功能也十分明显。我国进入老龄社会,老龄化趋势使得老年性痴呆发病率逐年上升,患者数量持续增多,这对国民健康和国家的经济发展造成了很大的阻碍。因此,开发更有效的抗 AD 药物已成燃眉之急。研究发现,多糖具有明显的保护神经和抗老年痴呆的功能。其功能的机制可能与多糖保护机体的神经元和保证突触不受损伤、抑制神经细胞的衰老和凋亡、改善机体能量代谢等密切相关,为抗 AD 药物提供了一个新的方向。现已发现糖胺聚糖和海洋寡糖在 AD 的治疗中具有重要意义。

糖胺聚糖类(GAGs)在 AD 的发生发展中扮演着重要角色。糖胺聚糖主要分为透明质酸和肝素等物质。Aβ 和 Tau 蛋白为现阶段 AD 治疗的两个重要靶点。GAGs 可通过稳定 Aβ 和抑制 Tua 蛋白的磷酸化和聚集、提高中枢神经系统 Tua 蛋白的清除率等机制来抑制 AD 的进展,GAGs 的化合物和衍生物对阿尔兹海默的发生发展也同样具有抑制功能。海洋寡糖是从褐藻中提取分离一种化合物。研究表明,海洋寡糖可以明显改善由 Aβ 蛋白脑内注射和东莨菪碱腹腔注所引起的痴呆动物模型的学习记忆能力。研究发现,海洋寡糖能抑制 Aβ 纤丝形成并促进 Aβ 纤丝解聚,同时拮抗 Aβ 纤丝毒性起到治疗 AD 的功能。

现有实验结果证实制何首乌多糖对老年痴呆模型小鼠的学习记忆能力有明显的改善,由此可以得出制何首乌多糖是抗 AD 的主要有效成分,研究表明,制何首乌多糖可以明显提高动物脑组织的抗氧化能力和加速生物体内神经递质的代谢。脑组织内单胺氧化酶含量的升高与老年痴呆的发生率成正比关系,同时脑组织内的一氧化氮浓度和老年痴呆的发病率呈负相关,而制何首乌多糖可以促进一氧化氮合酶的释放,以增高脑组织一氧化氮的浓度,以此达到抗老年痴呆的功能。

### (三)增强免疫

免疫是人体的一种生理功能,人体依靠这种功能识别"自己"和"非己"成分,从而识别和破坏进入人体的抗原物质(如病菌等)或人体本身所产生的损伤细胞和肿瘤细胞等,以维持人体的健康。现研究表明,多糖具有良好的免疫调节功能,能通过影响免疫系统中多方面因素来发挥其免疫调节功能,主要通过如下几个方面。

**1. 多糖对巨噬细胞功能的影响**

部分多糖可以提高巨噬细胞的吞噬功能并且使白细胞介素-1(IL-1)和肿瘤坏死因子(TNF)的生成和释放增加,从而发挥其免疫调节功能。这类多糖主要包括香菇多糖、黑柄炭角菌多糖、裂桐菌多糖、细菌脂多糖、牛膝多糖等。

以猴头菇多糖为例,其是从猴头菇的子实体中提纯出的生物活性组分,它可以增强巨噬细胞的吞噬能力和促进免疫球蛋白的生成和分泌,使血液中的白细胞数量在一定范围内增加,以此提高机体的抗病能力和免疫力。苦瓜多糖则是苦瓜中的主要生物活性组分。苦瓜多糖的作用机制和猴头菇多糖相似,主要也是通过提高外周免疫细胞的数量和增加淋巴因子的分泌来提高机体的免疫功能。这两种多糖在临床上主要作为免疫增强剂,一般运用于抗肿瘤放化疗期间。

香菇多糖能促进巨噬细胞产生 IL-1,细菌脂多糖也能够促进 IL-1 的产生。香菇多糖可以使巨噬细胞的吞噬能力和数量明显增加,这可能是香菇多糖抗肿瘤功能的重要机制。党参多糖能大大提高巨噬细胞的吞噬能力,同时对因药物引起的巨噬细胞吞噬能力下降有明显的恢复功能。从人工培养的黑柄炭角菌中提取的植物性多糖能提高实验小鼠巨噬细胞的吞噬活力,并且都可以促进巨噬细胞产生 IL-1,所以当前普遍认为黑柄炭角菌多糖通过加强免疫调节和增加巨噬细胞的数量来实现免疫增强的功能。

树舌多糖可以直接活化巨噬细胞并且促进其分泌 IL-1,发挥抗肿瘤功能。树舌多糖可以使脾细胞产生的 IL-2 和 γ-干扰素明显增加,从而使小鼠的荷瘤率明显下降。研究结果认为,树舌多糖的抑瘤机制是通过激活巨噬细胞、促进 IL-1 的释放和促进自然杀伤细胞的活性,促进 γ-干扰素和 IL-2 的生成,而 IL-2 可通过增强自然杀伤细胞和 CLT 细胞的杀伤活性,并促进淋巴因子激活的巨噬细胞,并增强淋巴因子激活的杀伤细胞而发挥抗肿瘤功能。

商陆多糖能使小鼠巨噬细胞的免疫细胞毒功能增强,其诱生的 IL-1 的能力比阳性对照剂卡高得多,揭示商陆多糖增强巨噬细胞毒功能与其诱生 IL-1 和 TNF 密切相关。杜德极等报道,海藻多糖可以促进小鼠的巨噬细胞产生 INF,然后使小鼠分泌的 TNF 增加。赵克胜等报道,黄芪多糖可以促进外周血单核细胞产生 TNF-α 和 TNF-β,由于 TNF 和 IL-2 有协同功能,所以黄芪多糖可以提高外周血液 TNF 的产生,以此达到在抗肿瘤化疗期间增强免疫活性的目的。Sherwood 等报道,可溶性葡聚糖可以促进巨噬细胞和脾细胞生产 IL-1 和 IL-2,从而促进机体的免疫调节功能,并且其可以避免多种毒副功能,因此具有很好的应用前景。

2. 多糖对 T 淋巴细胞的影响

T 淋巴细胞是一种几乎参加所有免疫行为的免疫细胞,可以分泌多种细胞因子和淋巴因子,其分泌的 IL-2 是机体免疫调节最主要的介质之一。部分多糖可以促进 T 淋巴细胞的增殖分化,同时也可以促进 T 淋巴细胞分泌细胞因子。由此可得,多糖对 T 淋巴细胞的增强作用主要通过促进 T 淋巴细胞分泌细胞因子的形式来实现。

现已确定枸杞子具有强大的抗衰老作用,在机体衰老时,T 细胞及其分泌的 IL-2 功能和活性均大大下降。实验中发现低剂量的枸杞子多糖(5.0 mg/mL～10.0 mg/mL)在 ConA 的协同作用下可以促进免疫抑制小鼠的脾细胞转化,促进 IL-2 的分泌,并使其活性恢复。而增强 IL-2 的活性是其抗衰老的重要功能机制之一。枸杞子多糖增强小鼠免疫功能和扩增脾细胞的能力与其剂量呈正相关,枸杞多糖的浓度在 250.0 mg/mL 时其免疫增强功能最明显,在此之后则不断降低。枸杞多糖在低浓度时也可以促进 IL-2 的分泌。

中华猕猴桃多糖对 T 淋巴细胞存在显著的促进作用,首次发现中华猕猴桃多糖可以促进小鼠脾脏 T 淋巴细胞增生,从而加强小鼠的免疫功能。金虹观察到脾虚型小鼠(用大黄处理过的小鼠),发现其 IL-2 的活性比正常小鼠要低得多,故其免疫功能低下,用黄芪及黄芪多糖作用后,发现脾虚型小鼠的 IL-2 活性重新提高至正常水平,此实验结果提示黄芪多糖增强机体免疫功能的活性主要通过增加 IL-2 的活性来执行,这也是其相关临床药物的药理学基础。刺五加多糖可以明显促进小鼠的脾细胞分裂增殖,对免疫抑制的小鼠有良好的免疫恢复功能。在免疫抑制小鼠的离体脾脏细胞培养基中加入刺五加多糖,发现其降低的 IL-2 活性恢复至正常水平。

商陆多糖 I 可以促进 T 淋巴细胞的转化并增强自然杀伤细胞的活性,同时促进 IL-2 及自然杀伤细胞毒因子产生,这表示商陆多糖可以明显增强小鼠的免疫功能。猪苓多糖在 ConA 和 LPS 的协同作用下可以明显促进脾细胞的分裂增殖并且可以促进抗体的分泌,猪苓多糖和黄芪多糖均可以提高 IL-2 的活性。淫羊藿多糖可以使外周血中以 T 淋巴细胞和 B 淋巴细胞为主的淋巴增生以加强免疫功能,淫羊藿多糖也可以促进小鼠淋巴细胞释放 IL-2 等多种细胞因子,这就是淫羊藿多糖增强机体免疫功能的最重要机制。地黄多糖可以抑制多种恶性肿瘤的发生发展,而且在用药的过程中发现小鼠外周的 T 淋巴细胞数目明显增加,机体免疫力显著增强。

现已明确海带多糖、云芝多糖和枸杞多糖可促进淋巴细胞 IL-2 的释放和增强血单核细胞的免疫活性。同时,多糖及其衍生物可以使溶菌酶的分泌增加,溶菌酶主要由巨噬细胞分泌,其外周血中的含量可以间接表示机体免疫功能的强弱。

3. 多糖对 LAK 细胞和的影响

LAK 细胞是淋巴细胞经过 IL-2 激活后特异性分化而产生的一种细胞,可以杀伤 NK 细胞耐受的肿瘤细胞。但是在现阶段的临床治疗中的 LAK/IL-2 联合疗法需要大量的 IL-2,体内大量的 IL-2 蓄积会引起水钠潴留,心肌梗死等严重后遗症,这就使得 LAK/IL-2 疗法具有很大的局限性,无法长期和大剂量使用。因此,在此疗法中为了降低 IL-2 的用量,首要任务是提高 LAK 细胞的活性。现在发现某些多糖可以明显激活 LAK 细胞,故在 LAK/IL-2 联合疗法中合用多糖,可以大大减少 IL-2 的用量,从而减少毒副作用的产生。

枸杞、黄芪和刺五加多糖等在体外均能明显增强外周 LAK 细胞的活性。枸杞多糖可使 LAK 对 Yac-1 细胞的杀伤作用提高 57.0%,对 P 细胞的杀伤作用提高 52.0%;黄芪多糖可以提高 LAK 细胞对 Yac-1 杀伤作用的 71.0%,对 P 细胞的杀伤作用提高 80.0%;刺五加多糖可以使 LAK 细胞对 Yac-1 细胞杀伤作用提高 68.0%;鼠伤寒杆菌内毒素多糖可以使 P 细胞的杀伤作用提高 60.0%。这 4 种多糖的浓度均需要在一定浓度范围内才可以发挥功效,过高和过低都不行。黑柄炭角菌多糖可以使巨噬细胞活化并产生 IL-2 来协同活化细胞毒细胞。经过黑柄炭角菌多糖处理过的细胞毒细胞,其细胞毒指数与没有经过黑柄炭角菌多糖处理的正常对照组相比,实验组的细胞毒活性明显增加,促进率为 44.1%。LICC 细胞是继 LAK、CTL 和 NK 细胞之后发现的一种有良好抗肿瘤功能的免疫细胞,它可以杀伤 NK 细胞耐受的肿瘤细胞,而现今发现黑柄炭角菌多糖可以促进 LICC 的激活,从而发挥抗肿瘤的功能。

4. 多糖对 B 淋巴细胞功能的影响

B 细胞可以分泌很多结构与功能特异的抗体,主要参与机体的体液免疫。

现阶段的研究发现银耳多糖可以促进小鼠溶血素的形成,实验中发现银耳多糖可以使小鼠半数溶血值增加,银耳多糖能使免疫功能抑制小鼠和正常小鼠的溶血素均升高,此结果表明银耳多糖可以增强机体的体液免疫。紫菜多糖可以促进小鼠血清蛋白的合成和淋巴细胞转化,也可以促进血清溶血素的生成。香菇多糖不管在体内还是体外都可以促进均可促进 B 淋巴细胞合成抗体。研究发现淫羊蕾多糖可以明显促进裸鼠 B 淋巴细胞的增殖分化,说明它可以增强机体的免疫。褐藻糖胶是小鼠 B 细胞的有丝分裂原,可以促进小鼠 B 淋巴细胞的增殖,但是对 T 细胞无促进增殖功能。

茶活性多糖是一类生物化学功能明显的复合类多糖,它实质是一种结合有大量矿物质元素的糖蛋白,故其和其他植物性多糖存在本质性的区别。茶活性多糖并不能直接促进 B 淋巴细胞的增殖和分化,而是通过促进 T 淋巴细胞的增殖来刺激 B 淋巴细胞合成和分泌抗体,并增强自然杀伤细胞和 LAK 细胞的活性等多种机制来增强机体的免疫功能。它可以调理吞噬细胞的功能,促进淋巴细胞的分化增殖,激活补体等多种机制来增强机体免疫的功能,现如今茶活性多糖的分离提纯技术仍然有待提高,故因为现阶段提纯技术不足,茶活性多糖尚未广泛应用于临床治疗。

5. 多糖对补体系统的影响

补体是一类具有高效酶原活性的糖蛋白,存在于哺乳动物和脊椎动物的细胞外液之中,主要通过抗原抗体复合物将其激活,补体系统被激活之后主要产生 4 种主要功能:促进吞噬细胞的吞噬能力和提高其信息提呈功能;补体是一种高效的炎症介质,它可以促进白细胞的趋化;补体可以直接杀伤病原微生物,发挥溶细胞功能;调控免疫反应。

另外,多糖不仅可以增强机体的免疫功能,其本身也具有一定的免疫原性,故将多糖与相应的蛋白载体共价耦联形成结合疫苗,使多糖转化成 T 细胞依赖性抗原,从而使多糖的免疫原性增加,从而使机体产生足够的抗性。

## (四)抗感染

多糖在抵抗生物感染等方面也有很广的应用,临床上多糖已经广泛应用于抗细菌,抗病毒,抗支原体等微生物感染领域。而现阶段多糖抗微生物的研究主要集中于抗病毒方面。一般认为多糖抗病毒的时期是病毒感染的早期,即多糖主要抑制病毒吸附到细胞表面这一过程从而避免病毒侵入细胞内。

病毒是一类典型的非细胞微生物,体积小,结构简单,没有完整的细胞结构,仅由核酸和蛋白质组成,主要寄生在活细胞内,以直接复制的形式进行增殖。多糖类主要通过免疫调节来增强机体的免疫力来抑制病毒感染机体细胞,以抵抗和降低病毒对机体的损伤。现研究发现板蓝根多糖可以明显阻断和抑制猪繁殖与呼吸综合征病毒。盐藻多糖不仅可以阻断副流感病毒的吸附与穿入功能,而且可以直接灭活病毒使其失去生物活性。

其实早在 20 世纪 70 年代就有研究发现多糖或其化合物具有强大的抗病毒功能,80 年代后期逐渐发现多糖的抗 HIV 功能,这些多糖大都含有硫酸基。以硫酸化多糖抗 HIV 活性为例,其主要通过 3 种机制来执行:①硫酸化多糖可以直接阻断 T 细胞表面的病毒结合位点,从而阻断 HIV 与 T 细胞的结合,阻断病毒的侵入细胞。②硫酸化多糖可以抑制反转录酶的活性,反转录酶是 RNA 病毒在机体细胞内复制的基础,抑制反转录酶的活性即可终止病毒的增殖。但是多糖无法进入胞内,故该机制的作用还有待明确。③抑制已感染和未感染 HIV 的细胞形成合体细胞,抑制病毒的扩散。大部分多糖在硫酸化之后才具有抗病毒活性,这提示了硫酸基团的重要作用。但是硫酸化多糖应用于临床的主要障碍是由于其具有明显的抗凝血功能,有出血倾向。故现如今硫酸多糖的研究方向是合成具有高抗病毒活性而低抗凝血性的硫酸化多糖。

但是目前对于多糖及其化合物的抗病毒的研究还不够透彻,还无法明确地阐明其抗病毒机制。但总的来说,多糖的抗病毒活性是通过提高机体的免疫功能,抑制病毒的吸附和侵入及降低病毒 RNA 的整合和逆转录能力等机制来执行的。以硫酸多糖为例,硫酸多糖是指糖羟基上带有硫酸根的多糖,可经天然提取或硫酸化的结构修饰而得到。近年的研究证明硫酸多糖无论在体内还是在体外,都显示了不同程度的抗病毒活性,尤其是与目前使用的其他抗病毒药物相比,其细胞毒功能较小而得到广泛的关注。用多糖硫酸酯可以在体内外完全抑制 HSV、流感病毒和逆转录病毒等。普遍认为,硫酸多糖对 HIV 功能机制与其对 HIV-1 病毒颗粒向 $CD_4^+$ T-细胞膜吸附阻断能力有关。硫酸化多糖的抗病毒功能较其他多糖要强得多,以下主要说明硫酸化多糖的抗病毒机制:

(1)硫酸酯化多糖可以非特异性的结合到病毒上,从而阻断病毒的细胞结合位点,使得病毒无法识别和侵入细胞,最终大大降低病毒的感染率。以牛膝多糖为例,实验表明该多糖无明显的抗病毒功能,但是牛膝多糖经过硫酸化之后对乙肝病毒等多种病毒具有良好的抑制功能。郑民买等发现牛膝多糖硫酸酯对 I 型单纯疱疹病毒有明显的抑制作用。体外实验研究了牛膝多糖硫酸化前后对于Ⅱ型单纯疱疹病毒的抑制作用,发现硫酸化后的牛膝多糖对于Ⅱ型单纯疱疹病毒的抑制作用较为硫酸化之前要强得多。牛膝多糖硫酸脂主要通过阻断病毒与细胞结合的受体来抑制病毒的识别功能,从而抑制病毒进入细胞,产生明显抗病毒活性。

(2)硫酸化多糖有显著的免疫增强功能,可以促进T淋巴细胞的再生,增强机体的免疫调节能力。而现今发现机体被病毒感染后会引起强烈的免疫应答反应,同时机体的$CD_4^+$ T细胞会受到一定程度的损害,甚至损害幼稚T淋巴细胞。因此在研究抑制抗病毒药物的同时,也要注重药物对于免疫系统的保护和增强作用,而多糖的免疫保护和免疫增强功能十分明显,这使得硫酸化多糖及其衍生物在抗病毒药物领域有很好的前景。

灰树花多糖是从灰树花子实体中分离提纯得来的主要生物化学活性物质,由日本学者在20世纪60年代于多糖发酵液中发现。大量实验研究证明,灰树花多糖体外抗病毒活性良好。同时灰树花多糖口服给药对感染了Ⅰ型单纯疱疹病毒的小鼠疗效良好,小鼠的免疫力显著增强。

近年来对于硫酸多糖的研究不断深入,一系列具有生物活性的硫酸化多糖被发掘出来用于抗病毒治疗。以HIV病毒为例,如Pentosan和Curdlanarabinosesulfate等。这些多糖在本身没有抗HIV的活性,但是在经过硫酸化处理之后,其具有明显的抗HIV功能。香菇多糖和裂褶多糖本身也同样不具有抗HIV的功能,经过硫酸化处理之后也同样会产生抗HIV的活性,但是其原有的免疫增强功能会大幅度降低。现今发现的免疫功能最强的多糖是香菇多糖硫酸酯。同时研究也发现多糖分子的大小和其烷基化水平都会影响多糖硫酸脂的抗病毒功能。近年来从海藻及多种海洋微生物中分离提纯出来多种硫酸多糖,这些硫酸化多糖均显示出良好的体内外抗病毒活性,且无明显的细胞毒性。SPMG是从海藻中提取的硫酸多糖,在临床上的抗HIV实验显示,SPMG可以明显抑制HIV病毒侵入人体T淋巴细胞,其主要通过竞争性抑制T淋巴细胞上的HIV受体,其结合速度快并且可逆。可以有效阻断HIV侵入机体细胞。

红藻多糖是从红藻中提取出来的生物活性多糖,其有多种成分,其中的硫酸半乳聚糖有明显的抗HSV-1和HSV-2活性,其作用机制为降低病毒的黏附能力。同时从红藻中分离出的卡拉胶可以显著抑制HSV-1和HSV-2的吸附能力,从而抑制侵入机体细胞。λ-卡拉胶也可以显著抑制非洲猪瘟病毒(ASFV)的增殖。

板蓝根多糖是板蓝根的主要有效成分,板蓝根是我国的传统中草药,现广泛用于抗病毒和抗细菌感染等。板蓝根多糖可以增强机体的免疫调节能力，增强 T 细胞所参与的细胞免疫功能，从而抵抗病毒及细菌的感染。同时板蓝根多糖还具有清热解毒和抗肿瘤等功能，在临床上已经广泛用于抵抗白血病和治疗肺炎等炎症疾病。

多糖的来源和结构不同就会导致多糖的生物化学功能不同，如黄芪多糖可以增强机体的体液免疫、细胞免疫和自然杀伤细胞的活性，故其一般作为机体的免疫促进剂或调节剂来加强机体的免疫功能，从而抑制乙型肝炎病毒（HBV）等病毒的复制。

现如今有关多糖抗细菌感染的研究很少。张澄波等人给昆明小鼠腹腔注射壳多糖，持续 3 周，随后腹腔内再注射大肠杆菌。观察并记录小鼠的体重变化和死亡情况。实验结果表明，腹腔注射壳多糖的昆明小鼠的体重明显增加，存活率较对照组也明显升高，表明壳多糖在体内有明显的抗细菌功能。但其在体外对细菌没有直接的杀伤作用，说明壳多糖抗细菌的机制并不是直接杀伤细菌，而是通过增强机体的免疫功能来起到杀菌抗菌的作用。多糖作为天然大分子物质，具有广泛的生物活性，但以往对多糖报道较多的是其在免疫学方面的功效，而近年来对于其非免疫学活性的研究也越来越受到关注，它对抗感染的功能还有待于更深入的研究与探索。

### (五)降血糖

糖尿病是现如今已经成为危害人类健康的首要杀手之一，且患病率连年攀升。糖尿病患者经历较长时期后会导致体内各种组织，特别是心脏、肾脏、血管和神经的慢性损害和功能障碍。现阶段对于糖尿病的口服治疗药物都存在较明显的毒副作用，而直接注射胰岛素则会导致机体对胰岛素产生耐受作用，而使自身胰岛素的功能下降，从而加重糖尿病的症状。从 20 世纪 80 年代开始，对于多糖的生物化学功能研究不断深入，多糖的降血糖功能被不断地挖掘，现阶段可以确定的多糖降血糖机制如下：

1. 保护胰岛细胞，促进胰岛素分泌

胰岛素是一种由胰岛 β 细胞分泌的可以促进外周血液中葡萄糖转化胞内多糖而使血糖稳定在一定水平的激素。若胰岛 β 细胞的功能受到损伤，就会导致胰岛素分泌下降，从而引起糖尿病。

以茶活性多糖为代表，有研究者用 2.5% 的茶活性多糖的饲料喂养患有糖尿病的大鼠 10 只，持续 3 周并不断监控，结果显示茶活性多糖可以明显降低糖尿病小鼠的血糖,并且实验组大鼠的血胰岛素水平较对照组有显著提高,其功能机制主要是茶活性多糖可以促进受损胰岛 β 细胞的恢复,同时也可以保护功能完全的胰岛 β 细胞。茶活性多糖主要通过以下三种机制来保护胰岛 β 细胞。

(1)通过提高机体抗氧化能力,保护胰岛 β 细胞

胰岛 β 细胞在自由基存在的情况下极易损伤。吴建芬等研究了茶活性多糖对四氧嘧啶小鼠的血糖的影响及其机制,先给实验组小鼠注射茶活性多糖,持续 3 周,3 周后对实验组和对照组均注射四氧嘧啶,发现对照组小数的血糖明显升高,而实验组小鼠的血糖无明显的变化且肝脏的抗氧化能力较对照组增强,此实验结果证明茶活性多糖可以增强机体的抗氧化能力,消除体内游离的自由基,保护胰岛 B 细胞不受损伤,从而降低糖尿病的发病率。

(2)提高细胞免疫功能,保护胰岛 β 细胞

"免疫调节失衡学"指出 I 型糖尿病是因为患者体内 $CD_4^+$ T 与 $CD_8^+$ T 淋巴细胞功能失调无法达到一个能有效发挥功能的动态平衡,使得对胰岛 β 细胞有损害功能的 Th1 细胞及其细胞因子的功能比具有 β 细胞保护功能的 Th2 细胞及其生长因子更强,故胰岛的损伤作用强于防护作用,使得胰岛 β 细胞受损,生成和分泌的胰岛素下降。王莉英等研究茶活性多糖对小鼠 I 型糖尿病的预防功能,比较茶活性多糖预免疫组和对照组小鼠 I 型糖尿病的发病率、胰岛组织免疫组化和脾脏 T 细胞亚群比例。实验结果显示,茶活性多糖的预免疫组与对照组相比,多糖免疫组的 I 型糖尿病发病率显著降低,$CD^8$ T 细胞亚群所占的比例明显升高,$CD^4/CD^8$ 的比值明显下降。该结果表明茶活性多糖具有刺激免疫器官淋巴组织增生,提高细胞免疫功能,调节细胞因子活性等免疫调节功能,从而发挥降血糖的功能。

(3)提高胰岛素的敏感性

II 型糖尿病的产生原因主要是胰岛 β 细胞功能异常和机体胰岛素抵抗,而糖尿病引起的高血糖又会损伤胰岛 β 细胞,引起血糖的进一步升高,从而陷入一个恶性循环,使糖尿病不断加重。黄芪多糖可以促进葡萄糖的摄取和细胞分化并增加其 PPAR-γ 基因的表达。同时提高胰岛素的受体的表达来增加机体对胰岛素的敏感性。目前抗糖尿病新药噻唑烷二酮(TZDS)的主要机制即为提高 PPAR-γ 基因的表达来提高胰岛素的活性。黄芪多糖的作用机制与唑烷二酮相似,但是其毒副作用要比这个新药小得多。

2. 调节糖代谢有关酶的活性

糖代谢存在多种途径,各种途径都通过其特异性的酶起作用。现今可以

通过影响各种酶的活性来加快或减慢糖代谢,从而控制血糖浓度在正常区间之内,许多植物性多糖可作用于糖代谢酶,如葡萄糖激酶是葡萄糖氧化磷酸化的第一个限速酶,它可以催化葡萄糖的氧化磷酸,加快细胞对葡萄糖的吸收和糖原的合成,同时也可以抑制糖原异生,最终使得血液中葡萄糖的含量下降。多糖主要是通过增强葡萄糖激酶的活性和降低糖降解酶活性两种途径来达到降血糖的功能。

(1)增强葡萄糖激酶活性

葡萄糖激酶可以催化葡萄糖转变为 6-磷酸葡萄糖,对肝脏的糖代谢有着极为重要的调节功能。葡萄糖激酶的活性和数量不受血糖浓度高低的影响,主要由胰岛素调控。以灵芝多糖为例,在灵芝多糖调节血糖的研究中发现,以100 mg/kg 剂量灵芝多糖灌胃的高血糖小鼠血糖水平较生理盐水对照组明显降低。在 200 mg/kg 剂量时,其不仅可以使高血糖小鼠的血糖水平明显下降,同时也可以促进胰岛 β 细胞分泌胰岛素进一步稳定血糖。陈伟强等也报道了灵芝子实体多糖 β 可以使糖尿病小鼠的血糖降低,主要通过加强葡萄糖激酶、磷酸果糖激酶和葡萄糖-6 磷酸脱氢酶的活性,同时降低肝脏糖原合成酶的活性,加速葡萄糖转化成糖原并抑制糖原异生,从而降低血糖。

(2)抑制糖降解酶活性

抑制糖降解酶活性可以暂时减少葡萄糖的产生,减缓饭后血糖的升高。α-淀粉酶抑制剂可以使淀粉在胃肠道内的消化吸收大大减慢,从而使饭后的血糖不会快速升高。葡萄糖要进入血液,需要肠道的葡萄糖转运体的协助,所以抑制葡萄糖转运体的活性对降低血糖有很重要的意义。现如今发现茶活性多糖对 α-葡萄糖苷酶有明显的抑制作用,同时也可以降低小肠刷状缘囊泡对葡萄糖等单糖的运输能力,以这两种机制分别延缓葡萄糖的消化和吸收。α-葡萄糖苷酶抑制剂现阶段广泛应用于临床,作为一种口服降血糖药。通过使用比色法测定茶活性多糖对 α-葡萄糖苷酶与 α-淀粉酶的抑制程度,再观察茶活性多糖对兔小肠刷状缘囊泡葡萄糖转运能力的影响。从实验结果可知,茶活性多糖可以明显抑制 α-淀粉酶和 α-葡萄糖苷酶活性,但茶活性多糖对 α-淀粉酶的抑制作用较 α-葡萄糖苷酶要弱得多,茶活性多糖对 α-淀粉酶的抑制率仅为 10.0%;通过用比色法观察茶活性多糖在体外对 α-淀粉酶活性的抑制功能,和其对正常大鼠和糖尿病大鼠模型血糖的影响。实验结果显示,茶活性多糖在体外同样可以明显抑制 α-淀粉酶的活性,且与剂量呈正相关。另有学者研究表明茶活性多糖还可通过抑制肠道蔗糖酶和麦芽糖酶的活性从而起到降血糖功能。

### 3. 加快肝糖原合成,降低血糖

葡萄糖在体内的贮存形式主要以肌糖原和肝糖原为主。肝糖原在机体血糖降低时会分解而加快,是血糖升高的主要原因之一。现阶段促进糖原合成的药物已经广泛用作临床降血糖药物。研究表明,茶活性多糖可以促进肝糖原的合成,通过用茶活性多糖给糖尿病小鼠灌胃,持续 8 周,对照组则使用生理盐水,结果显示实验组糖尿病小鼠的肝糖原水平较对照组明显升高,表明茶活性多糖可有效增强肝糖原的合成,从而使外周血液中的血糖下降。

### 4. 影响胃肠道吸收、改善胃肠道耐糖量

多糖也通过改变胃肠道对葡萄糖的吸收来实现和发挥其降血糖的功效,以香菇多糖为例,香菇多糖是一种吸水性极强但是无法被机体吸收的水溶性多糖,它可以在胃肠道内形成凝胶池,阻碍葡萄糖的扩散,从而减少小肠绒毛膜对葡萄糖的吸收;它可以促进外肠道内如胃泌素等激素的分泌加强消化系统的功能。所以,香菇多糖降血糖和提高糖耐受的主要靶点集中在胃肠道。此外,香菇多糖还可以使患者产生明显的饱腹感来对抗糖尿病等引起的饥饿感。实验中也得知香菇多糖可以使高血糖小鼠血糖明显降低,促进肝糖原的合成和提高机体的糖耐受性。其功能和二甲双胍有一定的相似性。但是在对其胰岛素水平的监控中发现,香菇多糖对胰岛素并没有明显的影响。所以可以推测香菇多糖主要通过促进糖原合成等机制来降低血糖,而对胰岛 B 细胞和其释放的胰岛素基本无影响。

研究发现玉米多糖也可以降低血糖,它可以明显降低小鼠的胃排空速率,而胃排空速率与小肠黏膜吸收葡萄糖速率呈正相关,胃排空速率的下降意味着血糖浓度下降。玉米多糖还可以肠道内形成胶体基层,同时减缓葡萄糖的扩散速率,使小肠对葡萄糖的吸收速率和比率均下降。此外,玉米多糖的膨胀性和持水性较其他多糖要强大得多,同时促进肠道蠕动来缩短食物在胃肠道内的消化及吸收的时间,使葡萄糖吸收量减少,最终降低血糖。

综上所述,多糖降血糖功能是通过多种机制共同作用,共同影响的,而不是通过某种单一的机制来执行。现在被广泛认可的多糖降血糖的机制主要为以下几种:①多糖可以使受损胰岛细胞的功能恢复,并促进功能完全的胰岛细胞生成和分泌胰岛素,以此来降低血糖。②多糖可以增强肝脏和机体其他细胞的糖代谢能力,促进肌糖原和肝糖原的合成。③多糖可以使糖代谢酶系得活性明显改变,从而加速葡萄糖的利用,促进糖原的合成。④增强机体的免疫力,同时清除机体内游离的自由基来保护胰岛 β 细胞不受伤害。

金耳多糖是一种非常复杂的多糖,它的成分中有含有甘露糖和葡萄糖等多种单糖,主要从金耳子的实体中分离提纯。实验研究已经证明金耳多糖可以增加葡萄糖激酶和葡萄糖 6-磷酸脱氢酶的活性,同时使葡萄糖 6-磷酸酶的活性显著降低,以此机制来降低血糖。金耳多糖对胰岛素的释放并没有促进作用,但是它可以明显增强肝脏转化葡萄糖的能力,并抑制肝糖原的分解。

知母多糖主要从中药知母的根茎中分离提纯。王靖等研究结果表明知母多糖可使小鼠的血糖迅速降低,同时使肝糖原的含量明显升高,而血脂含量几乎没有变化,知母多糖降血糖速度快且持续时间短,这一特征保证了其用做临床药物的安全性。现认为知母多糖的降血糖功能机制主要为两种,一是其可以加速细胞对葡萄糖的利用,二是其可以促进脂肪细胞对葡萄糖吸收和转换,使葡萄糖转化成糖原。

紫草多糖主要为紫草的生物活性成分,现主要分为 A 型,B 型,C 型。肌注紫草多糖的小鼠血糖明显降低,且其中肌注紫草多糖 C 的小鼠血糖下降最明显。同时发现紫草多糖具有抗病毒、抗肿瘤、提高免疫调节能力、降低血糖血脂等功效,现紫草多糖已经广泛应用于临床医疗和食品保健等多个领域。

山药多糖是从山药中提取出来的主要生物化学活性物质,主要由甘露糖、葡萄糖和半乳糖组成,近年来已成为山药研究的热点。山药多糖治疗糖尿病的具体机制尚不明确,但目前研究已经证实,山药多糖有明显的胰岛增强功能,可以促进胰岛素的释放。同时山药多糖具有增强机体免疫调节能力、抗氧化损伤、抑制肿瘤等功能。山药为一种广泛食用的植物,其多糖完全可以作为一种保健功能食品,添加到患者的治疗过程中,加强机体的免疫力,促进患者的康复转归。

虽然近年来对生物活性多糖的研究不断深入,但因为起步较晚,研究深度远不到核酸和蛋白质的程度。现阶段阻碍活性多糖研究的主要原因有以下几种:①对活性多糖的结构尚未研究透彻,对其构效关系无法进行深入的阐述;②活性多糖合成技术落后,无法高效地合成活性多糖及其衍生物;③现阶段对于活性多糖的结构测定技术并不成熟;④活性多糖在机体内的作用机制还不明确。但是随着科技的发展,尤其是分子生物学研究的不断发展,为探究多糖提供了新的途径。

## (六)防辐射

电磁污染已经成为继大气污染、水质污染、噪声污染之后的第四大公害。人们对于健康的愈加重视以及辐射的无处不在,使得防辐射成为人们关注的焦点之一。现在临床上常用的辐射防护剂存在一定的局限性,基本多为巯基类化合物,即使在有效剂量内也有较大的毒性。然而多糖作为一类天然的高分子聚合物,可以提供储存能量,具有生物活性,参与人体多种重要的生命活动且毒性较小,对人体的功能结构来说都有较好的作用,抗辐射作用便是其中之一。例如:人参中的多糖能够减轻造血系统损伤,增强细胞免疫功能,降低X线诱发的染色体畸变率;酸枣多糖能增强单核巨噬细胞的吞噬功能,从而延长受照射小鼠的存活时间;芦荟多糖也对正常细胞株有显著的辐射防护作用。因此用多糖来制作辐射防护剂被越来越多的人所青睐。

多糖主要通过四个方面来有效地减轻辐射对机体的伤害:修复造血组织并保护造血系统;增强机体免疫功能;清除自由基;调节造血细胞周期。

### 1. 修复造血组织并保护造血系统

造血组织对于射线非常敏感,其中造血干细胞、粒系祖细胞、红系祖细胞都是辐射攻击的主要靶细胞。放射对人体的危害很大,主要造成骨髓抑制、白细胞下降、微循环障碍以及造血微环境破坏等损伤。当造血组织遭到辐射损伤后,血细胞数量明显减少,机体抵抗力下降,容易诱发感染、贫血和出血等并发症,且若出现肿瘤,其结果大都预后不良。因此造血系统辐射损伤是决定病情轻重辐射损伤的主要病变。血液系统分化程度低,增殖旺盛,对辐射敏感的造血细胞增殖能力的抑制或丧失是辐射损伤的主要原因。而多糖可通过多种途径保护造血系统,减轻辐射对机体的损害。其作用途径有许多,我们以松茸多糖为例,其抗辐射作用主要是从降低造血细胞辐射敏感性,促进造血微环境恢复,减轻辐射对DNA的损伤,调节细胞周期紊乱四个方面表现。

(1)降低造血细胞辐射敏感性

松茸多糖是从松茸中分离得到的一种真菌多糖,通过降低造血干细胞、造血基质细胞等主要靶细胞的辐射敏感性,对造血系统进行保护。有研究表明,松茸多糖具有提高机体免疫、抗肿瘤等功能。

(2)促进造血微环境的恢复

松茸多糖可促进造血微环境的恢复,造血微环境是支持和调节造血细胞定居、增殖、分化、发育和成熟的内环境,分为基质细胞和细胞外基质,其中骨髓基质细胞是骨髓造血微环境的核心,它通过与造血细胞密切接触,分泌细胞外基质及多种细胞因子调节造血,其结构和功能的完整性对于保护机体造血稳定性具有十分重要的作用。骨髓基质细胞是一群不均一的细胞,主要由四类细胞组成:成纤维细胞,上皮样细胞、单核巨噬细胞和外网膜状细胞,其中成纤维细胞是分泌造血生长因子的主要基质细胞成分,它们来源于成纤维祖细胞,在体外可以培养生成成纤维细胞集落形成单位(fibroblastic colony forming unit,CFU-F)。体内造血微环境的情况可通过 CFU-F 的数量间接反映。基质细胞如果辐射损伤会造成造血功能障碍,电离辐射损伤骨髓基质细胞不但会引起细胞的死亡,而且使存活的造血细胞形成细胞集落的能力下降,从而影响造血功能。虽然骨髓基质细胞与造血细胞相比有较高的辐射耐受,但基质细胞损伤较持久,恢复较慢,对重建造血有着非常大的影响。射线作用后,造血干祖细胞和造血微环境同时受损,前者的死亡崩解能恶化造血微环境;后者的破坏抑制又加重造血干细胞凋亡,形成恶性循环,彼此加重,周而复始,最终导致造血功能低下,全血细胞减少。

(3)保护 DNA 减少辐射损害

多糖为细胞膜的主要成分,可减轻辐射对 DNA 的损害,电离辐射作用于机体可能后会出现细胞癌变或死亡等一系列生物学反应,而 DNA 的氧化性损伤是其根本原因。DNA 的双链(DSB)又是辐射引起的各种生物效应中最重要的原初损伤。

检测 DNA 损伤程度主要通过单细胞凝胶电泳实验,单细胞凝胶电泳(SCGE)也称彗星实验,是由 Ostling 和 Johanson 首先提出,后经进一步改善的一种在单细胞水平上快速检测单细胞 DNA 损伤与修复的方法。其原理是若细胞受损,在碱性电泳液中,DNA 双链解螺旋且碱变性为单链,单链断裂的碎片分子因量小进入凝胶中,在电泳时碎片离开核 DNA 向阳极迁移,形成拖尾。细胞核 DNA 受损伤越严重,产生的断裂或碱变性碎片就越多,其断链或短片也就愈小,在电泳时迁移的距离长,表现为彗星尾长增加和彗星荧光强度越亮。因此可通过荧光显微镜观察有无彗星及彗尾的长度、亮度、出尾率等变化,可定量测定单个细胞 DNA 有无损伤或损伤程度。

有实验表明,在实验中小鼠受到辐射损伤后,骨髓细胞的拖尾率和尾长都明显增加,表明辐射造成骨髓细胞 DNA 断裂损伤,引起了骨髓细胞的死亡加速;预防给予了松茸多糖,小鼠受到电离辐射 1 d 后,给药组小鼠骨髓细胞的拖尾率和尾长较辐射对照组均显著降低,表明松茸多糖可以减少辐射对小鼠骨髓细胞 DNA 损伤,且随着剂量的增加而保护变强。故多糖可通过减少辐射对 DNA 损伤,保护造血组织,最终减轻辐射对机体的损害。

(4)调节造血细胞周期

细胞分裂是细胞最基本的生理活动,细胞周期按时间顺序可分为四期:G1 期、S 期、G2 期、M 期。在 G1 期内有许多重要的生化合成过程,在 S 期主要特征是染色体复制,即 DNA 半保留复制和组蛋白合成等过程,G2 期主要是为细胞进入有丝分裂进行多种结构与功能上的准备,M 期为细胞分裂期,细胞进行有丝分裂,将遗传物质平均分配到两个子细胞中。细胞周期并然有序地进行依赖于与细胞分裂有关的基因、增殖相关基因、原癌基因、抑癌基因等有序的表达以及检验点的严格监视和调控。细胞周期的不正常运行将会导致机体出现问题,如果细胞周期超常运行将导致癌瘤,而停滞不前会导致凋亡和衰老。细胞周期就是在一系正负调控因子的作用下顺利地度过每个检验点按时间有序地进行下去。在细胞周期进程中有三个检验点:G1-S、S-G2 和 G2-M,三个过渡均受基因及其蛋白产物的有序控制。

细胞一旦受到外界环境因素如电离辐射、某些化疗药物、DNA 损伤剂等作用,调控因子表达失控就会导致细胞周期紊乱、有丝分裂延迟或走向细胞凋亡。辐射会造成造血系统损伤,其中骨髓细胞的周期紊乱是损伤的特征。不同剂量的辐射可能诱导不同结果,中等剂量的电离辐射可使小鼠骨髓细胞发生 G1 期阻滞。研究表明 G1 期抑制与细胞内 p53 基因有关,受电离辐射所造成的细胞 DNA 损伤诱导,p53 基因表达上调,调控 G1/S 检验点使细胞周期抑制在 G1 期使受照细胞获得时间来进行 DNA 修复。G1 期阻滞是机体对外界刺激的一种保护,使基因组有充足的时间在 DNA 进入复制期前使受损伤的 DNA 修复,其目的在于确保基因组的遗传稳定性。若损伤严重导致基因不稳定性的提高,从而不利于机体通过凋亡等方式除掉 DNA 异常的细胞,减少肿瘤发生的可能性。但 G1 期阻滞会造成骨髓细胞增殖不良,使造血功能发生障碍,无法正常造血。因此使细胞进入 S 期是非常必要的,解除骨髓 G1 期阻滞是拮抗骨髓辐射损伤的重要途径。控制细胞周期分子机制的核心为细胞周期蛋白依赖性激酶(CDKs),其中 CDK4 和 CDK6 被认为在 G1 期阻滞中起关键作用。

研究表明,降低 CDK4 激酶活性对于电离辐射诱导的细胞周期 G1 期阻滞起关键作用,提高 CDK4 表达可通过 p21,从而使 CDK4、CDK2 保持激酶活性,进而抵抗辐射诱导的 G1 期阻滞。从电离辐射对细胞周期影响的研究可看出,中高剂量的电离辐射对生长的真核细胞有一个普遍效应,即导致 G1 期抑制、S 期延迟、G2 期阻断等分裂延迟。

有实验表明,在实验中,在小鼠接受 2.0 Gy X 射线照射后,骨髓细胞 G0/G1 期细胞显著高于 NC 组,S、G2/ M 期细胞比例显著低于 NC 组,出现 G1 期抑制。说明辐射后因细胞 DNA 受到损伤,细胞不能通过 G1/S 检验点进入到下一个环节而发生阻滞。预防给予小鼠松茸多糖,在接受电离辐射后 G1

期受阻的细胞明显减少,S、G2 期细胞明显增加,研究说明松茸多糖可能可以减轻辐射细胞 DNA 损伤,从而能够通过 G1/S 检验点,进入到下一个细胞周期。多糖维持了骨髓细胞周期的稳定性,保证了造血系统的稳定性。

2. 增强机体的免疫功能

机体免疫系统具有免疫防御、免疫自稳和免疫监视三大功能,在抗病防病、维持内环境的稳定和内外环境的平衡中起至关重要的作用。当机体收到电离辐射时,免疫系统会发生一系列反应,参与免疫反应的细胞会发生 DNA 分子损伤、基因突变、序列重排等变化。这种免疫系统功能障碍可能短时间无法恢复,会延续数月、数年甚至数十年时间等长期时间,这会使机体处于对细菌、病毒等病原体和其他损伤因子的高敏状态,这不仅会影响患者的生活状态,也会使机体衰老甚至死亡。机体免疫时有多个系统共同相互作用,包括免疫系统、神经系统、内分泌系统和凝血系统等。免疫反应的细胞来自各个器官,脾是最大的淋巴器官,存在各类免疫细胞,是接受抗原刺激后发生免疫应答、产生免疫效应分子的重要场所。胸腺也是重要的淋巴器官,是 T 细胞分化、发育、成熟的场所。当免疫细胞、组织及器官受到损害时会累及其他系统,导致生物体感染、出血,并诱发多种疾病。

实验以松茸多糖为例。淋巴细胞对于电离辐射比较敏感,因此在该领域对淋巴细胞研究较多。脾中的淋巴细胞属于终末分化细胞,可对细胞进行有丝分裂原的刺激发生形态功能上的变化,淋巴细胞可转化为原始母细胞并进行有丝分裂,主要表现为细胞变大、出现空泡、胞浆增多、核仁明显等,称为淋巴细胞转化实验。淋巴细胞转化实验可以检测 T 细胞免疫功能,通过测定淋巴细胞转化率的高低,可间接得出机体的细胞免疫水平高低。有研究表明,在检测多糖对免疫的实验中,使用有丝分裂原 ConA 刺激脾中的 T 淋巴细胞,并观察 T 淋巴细胞在体外的转化能力,实验结果显示小鼠接受 2.0 Gy X 射线后,脾严重萎缩、胸腺变小,脾、胸腺有核细胞数明显下降,脾指数和胸腺指数明显下降,脾细胞的转化率明显降低,这表明电离辐射对机体免疫系统会造成严重的损害,包括中枢免疫器官,胸腺中的淋巴细胞和外周免疫器官脾中的淋巴细胞,尤其是对胸腺中的淋巴细胞。预防给予松茸多糖组小鼠在照射后第 1 d,脾指数和胸腺指数较辐射对照组明显增高,脾细胞对 ConA 的反应性也增高,且随着松茸多糖剂量的增加而增高,在照射后的第 14 d,一直维持这种保护作用,1200 mg/ kg 剂量组小鼠的各项指标恢复较快,接近正常对照组,提示松茸多糖对辐射损伤小鼠的免疫器官、免疫细胞具有防护作用。

体液免疫是以效应 β 细胞产生抗体来达到保护目的的免疫机制,当抗原进入机体后,在外周淋巴组织(脾、淋巴结等)中与特异性 β 淋巴细胞上的膜受体结合,使 β 淋巴细胞活化产生相对于的抗体。松茸多糖实验中应用SRBC作为外来抗原,SRBC 进入机体后的一系列反应过程为 SRBC 与 β 淋巴细胞表面受体结合并活化 β 细胞,活化的 β 淋巴细胞进一步分化并分泌抗SRBC抗体(溶血素)。当活化的 β 淋巴细胞在体外与 SRBC 混合时,产生抗SRBC抗体与SRBC 抗原特异性结合,并在豚鼠血清补体的作用下溶解 SRBC,就会出现肉眼可见的溶血空斑,可根据产生空斑数量的多少来判断 β 淋巴细胞产生抗体的能力大小。研究结果显示当小鼠接受 2.0 Gy X 射线照射后,β 淋巴细胞产生特异性抗体的能力显著下降,溶血空斑数仅为正常对照组的11.9,表面电离辐射能损伤 β 淋巴细胞功能及其介导的体液免疫功,预防给予松茸多糖组小鼠在照射后第 1 d 产生的溶血空斑数量比辐射对照组显著升高,且随着剂量的增加空斑数量也增加。说明松茸多糖对受照小鼠的 β 淋巴细胞功能具有一定的防护作用,在照射后的 14 d 内,显示组溶血空斑数显著高于辐射对照组,实验表松茸多糖能够降低 β 淋巴细胞的辐射损伤。

巨噬细胞是构成机体抵抗外界有害物质入侵的第一道防线的重要组成部分,在机体承担特异性抗原的处理与呈递,直接参与抗原的识别、免疫细胞的激活及抗体生成等活动,同时巨噬细胞自身能分泌多种细胞因子,参与整个免疫反应。巨噬细胞可以吞噬受损伤组织和外来颗粒如细菌病毒等微生物,被吞噬的物质会在巨噬细胞内被溶酶体降解,溶酶体含有多种酸性水解酶,包括蛋白酶、核酸酶、磷酸酶、糖苷酶、脂肪酶、磷酸酯酶及硫酸脂酶等。巨噬细胞通过对异物颗粒的吞噬和清除作用发挥非特异性免疫功能,同时参与调节免疫应答和免疫监视。巨噬细胞吞噬功能强弱可以反映机体非特异性免疫功能的强弱。

有实验研究采用鸡红细胞(CRBC)为异物,当鸡红细胞进入机体后,巨噬细胞可通过聚集、识别和吞入、消灭三个步骤完成吞噬过程。由于巨噬细胞对玻璃具有黏附能力,所以在实验时采用滴片法。实验结果以巨噬细胞吞噬率和巨噬细胞吞噬指数来反应巨噬细胞的吞噬能力,结果显示小鼠受到 2.0 GyX 射线照射后,腹腔巨噬细胞的吞噬率和吞噬指数均明显下降,在照射后的 14 d,巨噬细胞的吞噬能力恢复很慢但并未恢复到正常的水平。照射前预防给予的三个剂量组,在照射后的第 1 d,巨噬细胞的吞噬率和吞噬指数明显高于 IC 组,且随着剂量的增加巨噬细胞的吞噬能力也在增加。实验结果显示松茸多糖可以减少巨噬细胞的辐射损伤,能有效地减少其吞噬清除异物功能的降低幅度,促进其免疫功能的恢复。

实验结果表明,在实验中小鼠接受 2.0 Gy X 射线照射后,机体的细胞免疫、体液免疫和非特异性免疫功能的功能都会有不同程度的损伤,尤其是免疫应答细胞受到损失使其数量减少,辐射也会使其他细胞功能低下,例如淋巴细胞的数量和功能下降,因此说明电离辐射会造成严重的免疫系统损伤。照射前预防给予松茸多糖可以显著降低上述辐射损伤,促进免疫功能的恢复,缩短恢复到正常状态的时间。这说明多糖的抗辐射作用表现为对机体免疫功能的增强。

### 3. 清除自由基

电离辐射可产生大量的自由基,自由基的增多对生物体各方面产生很大的损伤作用。正常情况下,自由基在体内通过氧化还原反应和电子传递等过程不断产生,又在体内抗氧化系统作用下不断被清除,大体上处于动态平衡状态,存在少量的自由基能参与许多重要的生化反应,是维持生命活动所必需的,而大量的自由基存在会通过损害 DNA 链或细胞膜结构等来损害人体健康。当机体受到电离辐射后,体内就会产生大量自由基,自由基会使 DNA 发生损伤,主要具体表现为碱基损伤和 DNA 链断裂。自由基也会损害膜结构,细胞中存在细胞膜、线粒体膜、内质网膜、溶酶体膜、核膜等多种膜结构,不仅为细胞提供生存空间,而且也是细胞从事物质转运、能量传递、信息转换与识别等基本生命活动的结构基础。细胞膜主要由磷脂双层骨架和镶嵌其中的蛋白质组成,辐照过程中会产生大量 $\cdot OH$, $O_2^-$、$H_2O_2$ 等各种自由基和活性氧,从而引发自由基链式反应和脂质过氧化作用,这会不断地引起膜磷脂的破坏从而使膜结构遭到损伤,改变膜的刚柔性、通透性,甚至发生崩解,导致细胞死亡。

丙二醛 MDA 是膜脂过氧化最重要的产物之一,是自由基作用于脂质后发生过氧化反应产生的氧化终产物。在科学研究中是一个常见指标,通过 MDA 的量通常可以反映机体内脂质过氧化的程度,从而间接测定细胞膜损伤的程度。机体内存在可抑制或清除自由基的抗氧化酶和非酶系统能控制或消除自由基引起的自由基损伤。超氧化物歧化酶(SOD)就是机体内一种重要的抗氧化酶,是生物体内清除自由基的首要物质,它可以催化 $O_2^-$ 转变为 $H_2O_2$ 和 $O_2$。SOD 也是一种非特异的辅助诊断指标,其活力高低对判断机体清除氧自由基的能力有重要参考价值。电离辐射对 SOD 的辐射损伤主要通过以下两个途径:一是辐射可造成 SOD 酶蛋白分子的损伤,如牛红细胞 CuZn

-SOD 中的组氨酸或 Fe-SOD 中的色氨酸是辐射攻击的敏感环节;二是辐射使酶活性中心的金属辅基如 Cu 发生还原,这种还原作用也会造成金属辅基与酶蛋白之间的连接发生断裂。GSH-Px 也是机体内的一种重要的抗氧化物酶,它在机体内的主要作用为:

(1)通过将有机氢过氧化物 R-COOH 还原为无毒的羟基化合物 R-OH 来清除自由基,同时也清除自由基造成的脂质过氧化时大量产生的脂质过氧化物。(2)当组织中过氧化氢酶含量较低时,可替代过氧化氢酶促进 $H_2O_2$ 的分解,清除 $H_2O_2$。CAT 存在于细胞的过氧化物体内,它能催化过氧化氢分解成氧和水的酶,使得 $H_2O_2$ 不在体内推挤以免与 $O_2$ 在铁螯合物作用下反应生成-OH。

有实验表明:小鼠受到 2.0 Gy X 射线照射后产生大量自由基,血清中 SOD、CAT、GSH-Px 活力显著下降,而 MDA 含量显著升高。在辐射后机体的氧化-还原平衡遭到了破坏,在照射后第 14 d 仍未恢复正常,血清中的 SOD、CAT、GSH-Px 活力仍保持较低的水平。预防给予松茸组,小鼠在受到 X 射线照射后,第 1 d 血清中 SOD、CAT、GSH-Px 活力与辐射对照组相比均有一定程度的提高,而 MDA 含量相较于辐射对照组下降,且随着松茸多糖剂量的增加保护作用更加明显。而且在照射后的 14 d 里,这种保护作用仍在维持,高剂量组小鼠的抗氧化水平基本上已经恢复到正常的水平,实验表明松茸多糖可降低自由基对细胞的损伤。多糖抗辐射作用途径之一有可能是通过清除自由基、改善抗氧化功能作用实现的。

植物多糖通过多种机制具有抗辐射作用,一般能够延长辐射后小鼠或大鼠的存活时间和存活率,也能保护造血系统和 DNA 等生物大分子免受辐射损伤,上调有关细胞因子,增强机体的免疫功能,比如枸杞多糖。

枸杞多糖是从枸杞子中提取的有效成分,具有增强免疫、促进造血、降血脂、抗肿瘤、延缓衰老等作用,在临床上可作为促进肝癌细胞凋亡、治疗糖尿病、治疗老年痴呆的药物。有实验表明,当小鼠受到射线照射后,其肝细胞的线粒体存在膜损伤,而枸杞多糖能减少射线造成的小鼠肝细胞内线粒体巯基蛋白的丢失及血清中 SOD、CAT、GSHPx 的失活来降低这种损伤。

除常见的植物多糖之外,动物多糖也存在许多功效作用,由于多糖研究的愈加深入广泛,对动物多糖的研究也越来越多。动物多糖的主要成分是糖原、甲壳素、肝素、硫酸软骨素以及透明质酸等,并且在多个领域存在应用价值,但在抗辐射研究较少。在其成分中壳聚糖和鳖甲粗多糖已被证实具有抗辐射作用。

壳聚糖又称脱乙酰甲壳素，是从甲壳类动物、蘑菇及细菌壁中提取的一种多糖类生物活性物质，化学名称为聚葡萄糖胺(1-4)-2-氨基-B-D 葡萄糖。壳聚糖是带氨基阳离子的多糖聚合物具有清除自由基的功效，通过将自由基 $OH^-$、$O_2$ 结合，从而保护染色体免受损伤，降低染色体畸变率，减少组织损伤，保护正常组织。鳖甲粗多糖是从鳖甲中提取出来的化学物质，含有鳖甲多糖，氨基酸及多种微量元素等。鳖甲提取物能够升高实验小鼠的外周血白细胞数，增加机体抗感染能力，同时能显著增加巨噬细胞吞噬能力，增强机体的非特异性免疫功能。鳖甲提取物还能降低外周血淋巴细胞微核率，因此鳖甲粗多糖具有防辐射的作用，在临床上可被用于减少受照射病人的损伤，提高病人的生活质量和对放射治疗的耐受力。

因为海洋生物特殊的生活环境，所以其生物多糖具有更加良好的抗辐射作用。在海洋中藻类资源非常丰富且这些藻类植物因为生长在特殊的高盐、高压和强辐射的环境中具有特殊的组成和结构，尤其是具有良好抗辐射作用。实验表明，小鼠预先服用菌多糖能提高生存率，其机制可能是与菌多糖清除机体中产生的大量自由基并刺激多种细胞因子分泌，促进机体造血功能的恢复、提高机体的免疫功能等有关。

药理学研究表明多糖与抗辐射有着密切的关系，且具有独特的优良效果，与其他抗辐射药物比较有着独一无二的优势。在抗辐射时，给药在照前和照后都有效，且代谢后是机体所需的营养物质，因此不会对人体造成危害。而且多糖除抗辐射之外本身便具有许多良好特性，如对造血系统和免疫系统都有较好的保护和修复作用。多糖抗辐射损伤的功能与其结构密切相关，但现在我们对多糖作用的有效部位、作用靶点和作用机理等研究还不够深入，且不同提取多糖方法会导致多糖的结构不同，从而影响抗辐射的功能效果。因此在多糖功能研究方面，我们还有待进一步加深。

## (七)延缓衰老

衰老是一种随着时间的推移，生物体自发出现的必然过程，主要表现为机体组织结构和生理功能的逐渐丧失和退化，对外界适应性和抵抗力逐渐下降。衰老的外在明显特征为皮肤松弛和皱纹出现，身体皮肤变得粗糙，脸部皱纹出现并加深加粗色素沉着并出现"老年斑"；肌肤弹性不再并变得松弛。衰老是不可避免持续发生的，人虽然不能长生不老，但是可以通过人为因素克服早衰，延缓衰老，那么首先便要弄清楚衰老的机制。现在科学对于衰老发生的原因有多种学说，例如遗传学说、自由基学说、体细胞突变学说等，但是仍未有统一的衰老机制学说。首先我们应该将衰老与机体的病理损伤区别开来,衰老是一个机体自发的必然过程,是一个正常的自然现象,这不是一种疾病。但是衰老又与疾病息息相关,衰老会引起机体对外界免疫力和抵抗力的下降,从而诱发各种疾病;种种疾病又会对机体造成损害也会加速机体的衰老,而整体衰老是一个生理的、病理的甚至生物体外伤的积累过程。

抗衰老的其中之一便是抗氧化,多糖的抗氧化作用现如今已有较多的研究报道,不过抗氧化作用机理尚未有明确的解释,但研究发现,多糖抗氧化的作用机制主要通过调节神经系统、调节内分泌系统、抗氧化、调节免疫功能、抗DNA损伤这五个方面来发挥其抗衰老的作用。

### 1. 调节神经系统

中枢神经系统是人体神经的系统的最主体部分,受到损伤时危害较大,而且它极易受自由基损伤的影响,从而引起退行性疾病。有研究表明,多糖对神经细胞有保护作用,以枸杞多糖为例,带有 Gly-O-Ser 糖肽结构的枸杞多糖是枸杞有效成分中的重要物质,因此也是被研究最多的。多种实验表明枸杞多糖能够通过保护中枢神经系统,抵御神经细胞的损失,从而发挥其延缓衰老的作用:Chang 认为枸杞多糖不仅能抵御神经元的损失并保护神经元免受 β-淀粉样肽的神经毒性,还可以在青光眼模型实验中保护视网膜神经节细胞。Ho 等也通过研究表明枸杞多糖能够减弱 Hcy 诱导的神经细胞死亡和在原代皮质神经元的细胞凋亡从而说明枸杞多糖可应用于预防 AD。

### 2. 调节内分泌系统

衰老过程中伴随着机体器官的功能障碍以及细胞的死亡,而这些与神经-内分泌息息相关。内分泌器官主要包括有性腺、胸腺、甲状腺、肾上腺皮质、脑垂体和下丘脑等,且可以分泌相对应的激素来维持内环境的稳定。许多研究表明:多糖可调节内分泌从而起到延缓衰老的作用,如石瑞如、刘艳红等进行实验用放射免疫分析法研究,发现枸杞多糖对老年大鼠的内分泌激素具有调节作用,从而发挥抗衰老的作用。实验中大鼠血浆中 T3、T4 皮质醇含量会随年龄增大而降低,而加入枸杞多糖后可以使之提高。王小敏、赵丽坤等研究枸杞多糖对其钙吸收及生化指标的影响,其结果表明枸杞多糖能通过防治糖皮质激素性骨质疏松从而发挥其抗衰老的作用。

### 3. 抗氧化作用

正常机体内自由基的生成和消除不会对人体造成损害,但是若自由基在体内不能消除或大量堆积则会对机体造成损伤,从而导致人体衰老。有研究

表明,多糖主要通过两种方式来进行抗氧化:

(1)直接清除体内过多的自由基

前文提到,在正常情况下,机体内的自由基生成和消除水平处于动态平衡状态,不会对机体造成损伤,但是若自由基大量堆积就会对机体造成损害,从而使机体产生疾病。研究表明,多糖具有抗氧化活性,具有清除自由基,抑制脂质过氧化,清除多种活性氧(ROS)等抗氧化作用。

(2)提高动物抗氧化酶活力来清除过多的自由基

机体内存在的抗氧化酶主要有超氧化物歧化酶(SOD)和谷胱甘肽过氧化物酶(GSH-PX)。SOD是机体自身产生的一种重要抗氧化剂,能消除生物体在新陈代谢过程中产生的有害物质,对机体的氧化平衡起着至关重要的作用;SOD也是清除自由基的首要物质,是清除O·的主要酶,它能够将超氧自由基转化为过氧化氢,再由过氧化氢转化为水,从而清除氧自由基带来的损伤。因此SOD作为生物体内氧自由基的天然清除剂,具有广泛的应用前景。

许多研究表明,自由基与衰老密切相关,与衰老相关的内源性因素中最常见的便是自由基。因此抗衰老可从自由基的角度出发,多糖类药物具有抗氧化活性,能直接清除自由基,并提高SOD、CAT等抗氧化酶的活性及降低MDA含量。以人参多糖、黄芪多糖、甘草多糖为例,人参多糖是研究较早的多糖类生物活性成分,具有增强免疫力、促进造血、降血糖、抗利尿、抗衰老、抗血栓、抗菌、抗炎、抗肿瘤等功能,常用于治疗气虚、消渴、心神不定、惊悸健忘、补脾肺等。因人参多糖安全毒性小,功效多样,作用广泛应用于医药、食品、保健品等行业,我国的人参资源较为丰富,为人参多糖的开发利用提供了现实基础和广阔的市场前景。黄芪为豆科多年生草本植物,具有增强机体免疫功能、保肝、利尿、抗衰老、抗应激等功能。因此可应用黄芪多糖来增强机体免疫功能、提高机体抗氧化能力和清除自由基等发挥其延缓衰老的作用。除此之外黄芪还能用于心脏病、糖尿病、高血压等,提高免疫功能延缓细胞衰老。而且因为黄芪为天然植物副作用较少,可被广泛用于医药、食品等领域。甘草多糖是一种新发现的生物活性多糖,具有抗氧化、抗炎、解毒等作用,因此甘草被广泛地应用于化妆品、药品等领域中。甘草多糖可以作为自由基清除剂,终止自由基的一系列连锁反应从而达到抗氧化作用。同时,它还是一种免疫调节剂,能激活免疫细胞,增强巨噬细胞的吞噬功能,提高机体免疫功能,促进细胞免疫系统中的B淋巴细胞增殖及体液免疫系统中的T淋巴细胞增殖。

谷胱甘肽过氧化物酶(GSH-PX)是体内重要的过氧化物分解酶之一,其作用不仅能催化GSH变成GSSG,使有毒的过氧化物还原成无毒的羟基化合物,也能促进 $H_2O_2$ 的分解,保护细胞膜减少对细胞的损害。有实验证明在小鼠实验中加入多糖后,小鼠肝脏 GSH-PX 的活性有不同程度的提高,说明多糖能够提高肝脏 GSH-PX 的活性,增强机体清除自由基能力,且随着剂量的增大而增高。

多糖抗氧化是通过提高 SOD、GSH-Px 等的活性,并可降低丙二醛(MDA)和 NEFA 的含量,MDA 是膜脂过氧化过程的产物,能加剧膜的损伤并破坏细胞膜结构,从而可导致细胞肿胀坏死。MDA 的含量也是一个检测标准,可通过 MDA 了解脂质过氧化的程度,从而间接测定膜受损程度。若机体降低 MDA 和 NEFA 的含量,就可减少氧化作用,保护机体不受自由基的损害,从而发挥其抗氧化作用,减缓机体的衰老。

4. 调节免疫

许多研究发现,机体衰老与免疫功能有关,即 T 细胞过度凋亡可能会导致免疫衰老。枸杞多糖不仅能抵抗老年大鼠 T 细胞的过度凋亡,而且可调节部分基因的表达,如可以下调促凋亡的 TNFR1 基因 mRNA 表达以及上调抗凋亡的 bcl-2 基因 mRNA 表达。有研究发现,实验中枸杞多糖组能明显提高糖尿病大鼠血清中免疫球蛋白含量,并促进淋巴 T 细胞、巨噬细胞的增殖。

灵芝多糖提取自灵芝,存在于灵芝属真菌的菌丝体和子实体中。灵芝多糖具有特有的生理活性和作用,其安全无毒,可提高人体免疫力,减少过敏反应介质的释放,延缓衰老等,因此前景良好,被广泛应用于医药、食品和化妆品行业。尤其在医药方面,灵芝多糖能提高机体免疫力,因而用于癌症治疗,在患者进行化疗时,往往自身免疫力会下降,可用灵芝多糖来达到提高化疗的效果,从而治愈疾病。灵芝多糖还具有抗自由基的功效,它能减少体内的自由基,应用于化妆品领域中可起延缓衰老的作用。有研究者对灵芝发酵液及灵芝多糖发挥抗衰老效果的机理进行研究总结,灵芝多糖可清除 DP-PH、活性氧自由基,抑制脂质的过氧化,调节酶活性等能力,从而提高机体免疫调节能力,促进细胞核酸、蛋白质合成能力,以延缓机体衰老。灵芝多糖在医学领域已应用广泛,被作为片剂、针剂、冲剂、口服液、糖浆剂和酒剂等灵芝制剂应用于临床,取得了一定的疗效。多糖的广泛应用也反映出多糖可以增强机体的免疫功能,减缓机体免疫系统的衰老,有着延缓衰老的作用。

5. 抗 DNA 损伤

基因支持着生命的基本构造和性能,储存着生命体的全部信息,因此若机体或细胞发生原发改变会在基因组水平上有所体现。当基因受到各种内源性和外源性的损伤因素时,会导致 DNA 的损伤,但是机体有自我修复功能,损伤可被机体识别并修复以维持正常状态和功能,但是当机体的检测和修复功能存在障碍时,DNA 损伤无法修复,会导致 DNA 突变的积累最终使细胞衰老。DNA 会随着时间损伤也会逐渐增多,且修复能力逐渐变弱。有研究表明老化是受基因控制的,有文献提出衰老与基因位点有关,衰老可能是由于转座因子从染色体一部分转到另一部分,造成所需功能的失活。因此 DNA 损伤与细胞老化的关系十分密切,DNA 损伤是导致机体衰老的重要原因。

造成 DNA 损伤的原因有许多,包括内源性、外源性、物理因素、化学因素,其中氧化损伤是主要原因之一,氧化损伤会导致 DNA 单链断裂,从而使细胞内部结构发生改变。有研究表明,多糖具有修复和预防 DNA 损伤的功能,邓杨梅等研究螺旋藻多糖对 DNA 损伤修复的影响,结果表明螺旋藻多糖不仅能预防 UV 诱发的 DNA 损伤,还具有增强核酸内切酶和连接酶活性的作用,能促进损伤的 DNA 修复,且这种作用随着多糖剂量的改变而改变。

玉竹是百合科多年生草本植物,具有降血糖、降血脂、降血压、强心等作用,对心悸、心绞痛、冠状动脉粥样硬化性心脏病、风湿性心脏病、肺源性心脏病所引起的心力衰竭有一定的疗效。玉竹多糖从玉竹中提取而来,能够提高人体免疫能力,延缓衰老。高剂量的玉竹多糖还能明显对抗 D-半乳糖的致老化作用,使体内超氧化物歧化酶活性显著提高,丙二醛水平则明显下降,其机制可能是通过提高超氧化物歧化酶活性,增强其对自由基的清除能力,抑制脂质过氧化,降低丙二醛含量,从而减轻对机体组织的损伤以延缓衰老。

### (八)抗凝血

因体内凝血而导致的各种疾病,尤其是心脑血管方面的疾病严重损害了人体健康,甚至威胁到生命。而抗凝血药可防治血管栓塞或血栓形成,避免脑卒中或其他疾病的发生,最常用的抗凝血药物是肝素。肝素是一种常见的天然抗凝血物质,主要存在于人体的肝脏、肺、血管壁、肠黏膜等组织中,在体内外都有抗凝作用。现代科技主要从牛肺或猪小肠黏膜提取肝素,临床上主要用于血栓栓塞性疾病、心肌梗死、心血管手术等。

正常机体为保持血液的流动性,有完善的抗凝系统。而肝素主要是通过加强人体的天然抗凝系统来发挥其抗凝血作用,目前认为有五种天然的抗凝血系统存在:

(1)抗凝血酶Ⅱ(AT-Ⅱ)与内皮细胞表面的硫酸乙酰肝素结合,抑制 FⅨa、FXa、FⅡa 等活化的丝氨酸蛋白酶。

(2)纤维蛋白吸附 FⅡa,使其暂时隐蔽,不在血循环中起凝血反应。

(3)细胞的血栓调节蛋白具有双重抗凝功能,FⅡa 与其结合后,即赋予激活蛋白 C(pc)的能力,生成激活的 pc(APC),加上蛋白 S(ps),使 FⅧa、FVa 灭活;与 TM 结合后的 FⅡa,其本身亦丧失使纤维蛋白原转变成纤维蛋白和激活血小板的能力,即 FⅡa 从促凝物质转变成抗凝剂。

(4)组织因子途径抑制物(TFPI)通过 FXa 介导,阻断 TF-FⅧa 复合物的生成,具有很强的抗凝作用。

(5)α-巨蛋白抑制 FⅡa。除了第二种系统外,肝素对其余四种抗凝血机制均有加强加速的作用,从而发挥其抗凝血作用。

机体凝血是因为血小板的黏附激活了凝血因子,促进纤维蛋白在血液中的形成,而肝素分子链上的羧酸基、磺酸基这些阴离子对于带负电性的血液组分具有静电排斥作用,会使纤维蛋白原和血小板吸附量会减少,从而防止凝血的发生。肝素具有水溶性、生物相容性和降解性,同时还具有抗炎、抗过敏、抗癌、抗病毒等多种生物学功能。肝素作为抗凝血剂应用广泛,但是在临床上应用时需注意计量,如果用量过大,患者可能出现血尿、咯血、消化道出血或颅内出血等出血现象。

除肝素外,还有许多多糖具有抗凝作用。茶多糖是一类从茶叶提取来的多糖类化合物,研究表明茶多糖具有抗凝血的作用。

在实验中将茶多糖经生理盐水稀释成不同浓度后作用于健康人血,检测凝血指标凝血活酶时间(APPT)、凝血酶原时间(PT)和凝血酶时间(PTT)的值。实验结果显示,茶多糖能显著改变人体血浆的 APTT 值,而对 TT、PT 值均无明显影响,表明茶多糖主要通过影响内源性凝血系统从而起到抗凝血作用。茶多糖的抗凝血作用可以延长凝血时间和凝血酶原时间但不影响部分凝血活酶时间。不过茶多糖存在凝血作用与真正可应用的抗凝血药物相比还需进一步增强。

龙胆多糖具有抗凝血作用且与茶叶多糖的作用机制不同,在有关龙胆多糖的抗凝血作用研究中,采用体外实验考察龙胆多糖对大鼠 APPT、PT 和 TT 的值影响,结果发现龙胆多糖对大鼠 APTT 有明显延长作用并随龙胆多糖浓度的增长而延长,表明龙胆多糖的抗凝血主要通过抑制 APTT,APTT 反映血浆纤维蛋白原转变为纤维蛋白的凝血状况,提示龙胆多糖可能抑制了这一个过程,即对纤维蛋白时间具有延长作用。

大蒜具有抗菌、降血脂、降血糖、防治冠心病、抑制血小板聚集、提高机体免疫功能、解毒等功效,是较为常用的药用植物。大蒜多糖提取自大蒜,具有多种药理作用,可用于保健品、食品等领域且前景良好。大蒜多糖用不同的材料和方法提取时,会得到不同成分和纯度的产品,因此功能也就有所不同,比如大蒜粗多糖及其分离组分 GPiv 通过影响内源性凝血系统发挥抗凝血作用,能显著延长人体血浆的活化部分和 APTT 值。因此开展大蒜多糖的提取、分离纯化等方面的研究,提取出不同纯度的大蒜多糖,不仅有利于大蒜的利用,也有利于人体的健康。

刺松藻为藻类植物松藻科刺松藻的嫩藻体,性味甘咸寒,具有清热解毒,消肿利水、驱虫、抗凝血的功效。刺松藻主要通过对内源性和外源性凝血途径的抑制作用来发挥其抗凝血功能,除此之外,刺松藻是一种高蛋白、低脂肪、低热量、富含多种微量矿质元素的海洋植物,来源广泛,可作为保健食品,具有良好的开发前景。

随着人们对健康愈加重视,对于多糖研究的不断深入,发现了多糖许多优良的特性,多糖的广泛应用已成为医学研究的热点。如果将多糖作为抗凝血剂在临床上代替肝素治疗一些疾病,能避免肝素产生的副作用和对患者的感染,有望成为新一代抗凝血药物。

### (九)降血脂

人体内脂质的合成与分解在正常情况下处于平衡状态。正常人空腹浓度(100 mg/mL):甘油三酯 20～10,胆固醇及酯 100～220(其中胆固醇占 70～75),磷脂 110～120。临床上所称的高血脂(Hyperlipidemias)主要是胆固醇高于 220～230 mg/100 mL,甘油三酯高于 130～150 mg/100 mL。

研究证明部分多糖具有降血糖的作用,例如海带多糖、紫菜多糖、波叶大黄多糖、甘蔗多糖、灵芝多糖、茶叶多糖、硫酸软骨素、魔芋多糖,可发生耳叶牛皮消多糖等。通过研究发现,喂食灵芝多糖的小鼠血浆总胆固醇水平比对照组小鼠的水平明显低,其机制可能是胆固醇的合成被抑制或胆固醇的代谢加快。将波叶大黄多糖给高脂血症大鼠和小鼠灌胃后,其肝组织中胆固醇、甘油三酯和丙二醛均明显降低,说明波叶大黄多糖可以通过防止肝脏高脂血症和脂质过氧化从而保护肝脏。紫菜多糖也具有降血脂抗凝血等作用,可以预防高胆固醇血症和血栓形成,对防治心血管疾病有重要意义。

目前,对于多糖的研究越来越广泛,多糖因其资源丰富,毒性小且安全,功能多效佳等优良特性前景良好,多糖的生物活性和保健功效逐渐被广泛利用。随着科技发展对多糖研究愈加深入,它的生物活性作用机理会更加明确。可以看出随着多糖研究的越来越深入,在医药方面多糖研究将成为以后的一个热点,成为新药开放的重要领域。多糖将会广泛应用于临床,发挥其重要效应,提高人类身体素质、作为药物消除疾病造福人类。

## 五、多糖在保健中的功能与应用

几十年来,关于活性多糖的研究开发热潮,以多糖为主要有效成分研制开发成保健食品,让特定人群食用,有利于改善机体代谢状况和人体健康。多糖发挥其保健功能主要依赖于其生物学功能。

### (一)抗心血管疾病

褐藻胶、卡拉胶和琼胶等能够明显降低高血脂大鼠血清总胆固醇、甘油三酯,能够降低低密脂蛋白以及升高高密度脂蛋白的含量。多糖能与血清中的脂类物质结合,作为载体参与胆固醇、脂蛋白的代谢活动,加速脂类物质的转运和排泄,促使胆固醇更快地氧化成胆酸;鲨鱼软骨 BAP 能显著增加受试家兔抗凝血激活酶和抗凝血酶的活性,延长凝血时间,抑制血栓的形成;褐藻多糖硫酸酯能显著抑制血小板活化因子的活性,抑制了胶原和花生四烯酸诱导的血小板聚集,改善了微循环,加速了血液流动,防止血栓形成,使血液流变学指标趋于正常,从而防止了心梗、脑梗、冠状动脉硬化等心脑血管疾病的发生。麦冬多糖注射剂可以抗心肌缺血,增加心肌营养血流量,使缺血氧的心肌细胞较快获得恢复与保护,减少心肌细胞的受损。苹果富含多糖果酸及类黄酮、钾及维生素 E 和 C 等营养成分,可使积蓄体内的脂肪分解,对推迟和预防动脉粥样硬化发作有明显作用。海带中含有丰富的岩藻多糖、昆布素,这类物质均有类似肝素的活性,既能防止血栓又能降胆固醇、脂蛋白,抑制动脉粥样硬化。

### (二)抗艾滋病

红藻多糖 RPI,RPZ 对牛缺陷病毒(BIV)有明显抑制作用,有望成为新型抗艾滋病药物。辛现良等研究结果表明,海洋硫酸多糖可明显抑制病毒逆转酶活性,其虽对 HIV-1 无明显直接杀灭作用,但可明显干扰 HIV-1 与细胞的吸附,产生抗 HIV-2 效果,其半数有效浓度($IC_{50}$)为 36.51 mg/L。提示该糖抗艾滋病作用与抑制逆转酶活性和干扰病毒与细胞的吸附有关。植物类多糖如松塔多糖、圆锥乌头多糖等,采用苯酚-硫酸法显色,在 489.0 nm 波长处用紫外分光光度法测定了华山松塔中抗 HIV 活性部位。从圆锥乌头中提取出多糖并证实圆锥乌头多糖具有抗 HIV-1 逆转录酶的活性。动物类多糖如肝素、硫酸软骨素等,研究发现肝素能与 Tat 结合,阻断 HIV 的复制转录过程,还能抑制病毒吸附和合胞化过程,具有抗 HIV 活性。细菌类多糖如链霉菌胞外多糖、大肠杆菌 K5 荚膜多糖(K5PS)等,研究发现 K5PS 硫酸化衍生物可与 Tat 结合,抑制 Tat 与细胞表面硫酸类肝素蛋白多糖之间的相互作用,抑制激活过程。同时还可抑制 Tat 在体内的血管生成作用,阻断 HIV-1 转录反式激活过程,抑制 HIV-1 的复制和感染。真菌类多糖如银耳多糖及其硫酸酯在 0.2 g/L 时具有抑制牛免疫缺陷病毒(BIV,与 HIV 具有高度同源性,且对人体无感染性)引起的合胞体作用。通过实验研究香菇多糖体外抗 HV 的免疫调节作用,发现香菇多糖能抑制感染 HIV-1 的 PBMC 分泌。藻类多糖如卡拉胶、聚甘古酯等,研究发现红藻多糖样品能明显抑制 BIV 的生长,效果与叠氮胸苷样品相当。从海藻中提取分离,并进行分子修饰得到的藻类硫酸多糖,经体外实验证明其具有抗 HIV 活性。但是多糖抗 HIV 活性的作用机理尚不完全明确,其机制主要有抑制逆转录酶活性、干扰 HIV 与宿主细胞结合、抑制合胞体的生成、作用于反式激活蛋白 Tat、诱生干扰素或白介素、提高机体免疫等。

## (三)抗疲劳

罗琼等人给小鼠灌胃枸杞多糖,每只10 mg/kg·d,连续 10 d。结果发现,与对照组相比,该糖能显著增加小鼠肌糖原、肝糖原储备量,显著提高糖原恢复率,对大运动量后消除疲劳具有重大的作用。百合多糖能明显增加对用锯末烟熏所致肺气虚模型小鼠的游泳死亡时间,表现出较显著的抗缺氧、抗疲劳作用。海洋多糖、蒲公英多糖、荔枝多糖以及玛咖多糖均被研究证明具有抗疲劳的作用。

## (四)抗菌消炎

低相对分子质量透明质酸在啮齿类动物的研究中,具有直接抑制致病菌生长及其病理反应的作用。大相对分子质量透明质酸由于具有吸水保湿功能而可以在皮肤表面形成水化膜,从而建立起防止细菌侵入皮肤内部的屏障,间接产生抗菌消炎的效果。此外,在皮肤组织内部形成的透明质酸-蛋白复合物存在于细胞间隙中,能够产生保护组织细胞免受病原菌的侵害和防止感染等功能;海藻多糖也具有抗病毒、抗菌消炎作用。葡萄多糖对大肠杆菌抑制效果较好,枯草杆菌次之,对金黄色葡萄球菌无抑制作用。同一品种的葡萄,粗多糖好于分级多糖;且多糖的相对分子质量越大,其抑菌作用越强;不同品种的葡萄,无核白葡萄抑菌效果优于火焰红葡萄。葡萄多糖对原乳中细菌总数有一定的抑制作用,但对芽孢总数和耐热芽孢数没有明显的影响。

## 六、发展前景

为了适应糖业发展的新形势,满足市场变化的需要和人民生活提高,降低生产加工的成本,许多产糖国家大力加快对制糖业进行结构改革的进程,包括糖产品的变化,原糖质量的提高,甘蔗制糖工艺技术的改革和产业结构改革等,开拓糖料和食糖新用途,以缓解全球食糖结构性过剩的现状。

多糖有多种多样的生物活性。据专家预测,对多糖结构和功能关系的深入研究将会产生生物学的新领域,进而促进医学的高速发展和工农业上新的应用。虽然对多糖结构进行微量化分析是今后的一大趋势,但仍需要明确至少需要多少待测样品的量才能保证所得的信息是代表了整体,要科学地定义"微量化"。同时,有关多糖结构与构象的计算模拟和验证研究,也是今后工作的方向。多糖结构研究的重大意义和方向是摆脱以往依靠蛋白质理论体系和结构表征技术的进步来推进多糖的结构表征方法这一被动局面,真正有利于多糖的科学研究的长久发展。多糖广泛参与细胞的各种生命代谢,具有多种生物学功能。在研究中发现,自然界中并不是所有的多糖都具有活性,其活性直接或间接地受到其结构的制约。有的多糖由于结构或理化性质等障碍不利于其生物学活性的发挥;有的多糖尽管有良好的药效,但同时也会产生一些不良反应,甚至毒副作用;还有的从天然生物体内分离的多糖活性较弱,在进行一定的结构修饰后才获取高活性多糖。因此,对多糖的活性和结构进行更深入的研究,能够帮助人们更好地了解多糖的结构与活性的关系,进而能更好地利用多糖这一天然资源。

多糖蕴藏着结构的多样性,这种多样性远远超过了核酸或蛋白质的结构。其复杂的连接方式或异构体和分枝形成,这种现象并不存在于其他生物信息分子中。目前的研究方向主要集中在多糖的分离纯化、化学组成和生物活性方面,而在结构方面的研究则较为薄弱,特别在对多糖的活性机制和构效关系的解释还不够全面。今后研究的重点指向多糖构效关系的研究,需要利用现有物理学、化学和生物学等分析技术和现代化的分析检测仪器对多糖的分子结构进行深入研究,深入探讨多糖的构效关系、量效关系及作用机理,修饰和改造多糖,努力取得突破性的成果,使多糖物质在各个行业发挥更大的功效。

**参考文献**

[1] 倪力军，王媛媛，何婉瑛，等. 8种多糖的单糖组成、活性及其相关性分析 [J]. 天津大学学报(自然科学与工程技术版)，2014，7(4):326-327.

[2] 王兆梅，李琳，郭祀远，等. 活性多糖构效关系研究评述[J]. 现代化工，2002，22(8):18-20.

[3] Demleitner S，Kraus J，Franz G. Synthesis and antitumour activity of sulfoalkyl derivatives of curdlan and lichenan[J]. Carbohydr Res，1992，226(2):247-252.

[4] Zhang J，Zhang W，Cheng S. Effect of urea and sodium hydroxide on the molecular weight and conformation of β-(1，3)-D-glucan from Letinuse dodes in aqueous in solution [J]. Carbohydr Res，2000，327 (2):431-438.

[5] Carlucci M J，Pujol C A，Ciancia M，et al. Antiherpetic activity and mode of action of natural carrageenans of diverse structural types[J]. Antiviral Res，1999，43(2):93-102.

[6] Kraus J，Blaschek W，Schutz M，et al. Antitumor activity of cellwal B-1,3/1, 6-glucans from Phytophthoraspp[J]. Planta Med，1992，58(1): 39-42.

[7] Zhang M，Chen J，et al. Solution properties of antitumor carantitumor polysaccharide produced by schizophyl lancommune fries[J]. Carbohydr Res，1981，89(1):121-135.

[8] Misaki A，Kawaguchi K，Miyaji H，et al. Structure of pestalotan, a highly branched (1-3)-beta-D-glucan elaborated by Pestalotia sp. 815 and the enhancement of its antitumor activity by polyol modification of the side chains[J]. Carbohydr Res，1984，129:209-27.

[9] 田庚元，孙孝先，李寿桐，等. 发明专利申请公开书，CN1037714{p}. 1989

[10] Sone Y，Kakuta M，Misaki A. Isolation and characterization of polysaccharides of kikurgae fruit body of Auricularia Auriculajudae [J]. Agric Biol Chem，1978，42 (2):417-422.

[11] Feijoo Carnero C，Rodríguez Berrocal F J，Páez de la Cadena M，et al. Clinical significance of preoperative serumsialicacid levels in colorectal cancer: utility in the detection of patients at high risk of tumor

recurrence[J]. Int J Biol Markers，2004，19(1):38-45.

[12]魏小龙，茹祥斌. 低分子质量地黄多糖体外对 Lewis 肺癌细胞 p53 基因表达的影响[J]. 中国药理学通报，1998，14(3):245-248.

[13]Wang H B，Zheng Q Y，Qian D H，et al. Effects of Phytolaccaacinonsa polysaccharides on immune function in mice[J]. Zhongguo Yao Li Xue Bao，1993，14 (3):243-246.

[14]陈力真，冯杏婉，周金黄. 地黄多糖 b 的免疫抑瘤作用及其机理[J]. 中国药理学与毒理学杂志，1993，7(2):153-156.

[15]陈炅然，胡庭俊. 硫酸多糖抗病毒作用研究进展[J]. 动物医学进展，2005，26(4):34-59.

[16]仇维刚. 多糖类保健食品功能因子及功能 [J]. 食品科技，2004，25(3):110.

[17]Sebti，Coma V. Active edible polysaccharide coating and interaction between solution coating compounds [J]. Carbohydr Polym，2002，49:139-144.

[18]Xue C，Fang Y，Lin H，et al. Chemical characters and antioxidative properties of sulfated polysaccharides from laminaria japonica [J]. J Appl Phycol，2001，13 (1):67-70.

[19]Tian F，Deng J. Analysis of the constituents and antisenile function of achyrant hesbidentata polysaccharides[J]. Acta Botanica Sinica，2002，44 (7):795-798.

[20]马青. 新型生物反应调节剂——天地欣[J]. 中华肿瘤学杂志，1997，19:79.

[21]金利泰. 天然药物提取分离工艺学 [M]. 杭州：浙江大学出版社，2011:183.

[22]李晓冰，谢忠礼，朱艳琴，陈玉龙. 灵芝多糖抗肿瘤机制研究进展[J]. 中国药学杂志，2013，9(16):1329-1332.

[23]王菲菲，郝利民，贾士儒，等. 云芝多糖研究进展[J]. 食品与发酵工业，2012(6):148-152.

[24]刘洪超，蔡林衡，王淑英. 猪苓多糖抗肿瘤机制研究进展[J]. 河南科技大学学报(医学版)，2011(3):236-238.

[25]李菲，卫东锋，程卫东，等. 中药多糖治疗老年性痴呆及其机制研究进展[J]. 中药药理与临床，2014(6):203-207.

[26]杜晓光，李静，辛现良，等. 糖胺聚糖衍生物在阿尔茨海默病治疗中的

前景[J]. 中国药学杂志，2008(23):1761-1764.

[27] Lim TS，Na K，ChOi EM，et al Immunomodulating activities of polysaccharides isolated from Pana xginseng [J]. J Med Food，2004，7(1)：1-6.

[28]Kiho T，Morimoto H，Kobayashi T，et al. Effect of a polysaccharide (TAP) from the bodies of Tremella aurantia on glucose metabolism in mouse liver [J]. Biosci Biotechnol Biochem，2000，64：417-419.

[29]韩晋，张嘉麟. 分光光度法与生化分析法对枸杞多糖口服液含量测定的比较[J]. 药学实践杂志，1996，14 (3):173-174.

[30]姜建华，张学进. 壳聚糖对雄性小鼠骨髓细胞染色体的辐射防护作用[J]. 肿瘤学杂志，2005，11(5):371-372.

[31]吴显劲,孟庆勇.琼枝麒麟菜多糖对射线照射小鼠脾细胞周期及细胞增殖的影响[J].中国职业医学,2006,33(2):86-88.

[32]郑秋红，卢林，宋妾琴，等. 冬灵菌丝体多糖合剂对小鼠的辐射防护和对外周血白细胞数量的影响[J]. 海峡药学，1995，7(4):11-12.

[33]黄娅琳. 抗衰老中药的研究[J]. 时珍国医国药，2007，18(3):691-693.

[34]胡春，丁霄霖. 黄酮类化合物在不同氧化体系中的抗氧化作用研究[J]. 食品与发酵工业，1996，3:46-53.

[35]陈川，黄明富，颜善银. 类肝素化聚合物的研究进展[J]. 化工新型材料，2011，39(4):18-21.

[36]王伏超，李军国，董颖超，等. 多糖及改性多糖作为涂膜保鲜材料的研究进展[J].食品科学，2012，33(5):299-304.

[37]全吉淑，尹学哲，及川和志. 茶多糖降糖作用机制[J]. 中国公共卫生，2007(3):295-296.

[38]全吉淑，尹学哲，金泽武道. 茶多糖抗氧化作用研究[J]. 中药材，2007(9):1116-1118.

[39]梁进，张剑韵，崔莹莹，等. 茶多糖的化学修饰及体外抗凝血作用研究[J]. 茶叶科学，2008，3:166-171.

[40]游见明，吕开斌. 茶叶多糖啤酒研制[J]. 四川食品与发酵，2008(1):16-18.

[41]谭永辉，王文生，秦玉昌，等. 豆渣中水溶性大豆多糖的提取与应用[J]. 大豆科学，2008，27(1):150-153.

[42]张斌，张璐，李沙沙，等. 植物多糖与化妆品的联系[J]. 辽宁中医药大学学报,2013(1):109-111.

[43]李华，叶聘杰，李伯勤. 虫草多糖对 8-MOP/UVA 诱导光老化皮肤成纤维细胞胶原的影响[J]. 上海中医药大学学报，2009，23 (4)：75-78.

[44]高卫东，范雪荣，王鸿博. 经纱上浆浆料及浆纱机的现状与发展[J]. 天津纺织工学院学报，1998，17(4)：108-112.

[45]任海林. 季胺型阳离子木薯淀粉制备研究[J]. 齐齐哈尔大学学报，2007，23(3)：10-12.

# 第二篇
# 多糖的实验研究

本团队近十年来一直致力于青蒿多糖、栀子多糖、大枣多糖、白扁豆多糖、甘草多糖、青背天葵多糖等植物多糖的提取、鉴定和其功能及应用的实验研究,获得了一系列研究结果。

# 第一章　植物多糖抗淋巴瘤的作用及机制研究

　　弥漫性大 B 细胞淋巴瘤(diffuse large B-cell lymphoma,DLBCL)是成人非霍奇金淋巴瘤中最常见的类型,约占 30%～35%,其主要表现为在淋巴结内或结外迅速增长的肿块,发病率和死亡率均居于恶性肿瘤的第 5 位。目前,利妥昔单抗联合 CHOP(R-CHOP)作为 DLBCL 治疗的新标准,对 DLBCL 具有较好的疗效,且其具有低副毒性、使用方便等的优点,较单独使用 CHOP 患者的总生存期(OS)和无进展期(PFS)整体提高了 16%。但目前 DLBCL 的复发/难治性仍然是 DLBCL 患者发病和死亡的主要原因。但由于 DLBCL 的侵袭性较强且自然病程相对较短,并且当患者进入疾病的进展期后,预后极差,在两年内有约 70% 的患者死于该疾病,且治疗需要全身性的化疗。虽然 R-CHOP 治疗方案较 CHOP 在治疗 DLBCL 提高患者存活率有了很大的提高,但 R-CHOP 方案治疗的病人 10 年生存率也仅为 43.5%,并且由于利妥昔单抗会引起过敏反应和对心血管系统产生不同程度的影响。因此,探讨植物提取物多糖是否具有抗 DLBCL 的作用及作用的相关分子机制一直是本研究团队研究的重点。

　　本团队利用前面所述的方法从青蒿、栀子、甜菊、紫背天葵和白扁豆等多种可食用植物中提取出高纯度多糖,并经一系列方法鉴定后作用于 DLBCL 细胞,实验结果证实,上述多糖均可影响 B 淋巴瘤细胞内的基因表达,发挥着抗 DLBCL 的作用。

## 一、多糖作用于 DLBCL 细胞后,DLBCL 细胞基因表达谱的改变

1. 多糖作用后,DLBCL 细胞上调的基因(见表 1-1)

表 1-1

| Fold Change | Genbank Accession | Gene Symbol | Fold Change | Genbank Accession | Gene Symbol |
|---|---|---|---|---|---|
| 2.2312633 | NM_006227 | PLTP | 7.4597289 | NM_003670 | BHLHE40 |
| 2.7189236 | NM_001189 | NKX3-2 | 2.4059301 | NM_001200049 | CFAP46 |
| 2.0125938 | NM_033219 | TRIM14 | 2.0860706 | NM_145044 | ZNF501 |
| 2.1243567 | NM_001025076 | CELF2 | 2.0003508 | NM_005911 | MAT2A |
| 2.1111009 | NM_023002 | HAPLN4 | 2.2209517 | NM_001042583 | CD1E |
| 2.0919445 | NM_001837 | CCR3 | 2.2778408 | NM_030762 | BHLHE41 |
| 2.5086137 | NM_020661 | AICDA | 2.5002903 | NM_024843 | CYBRD1 |
| 4.5255778 | NM_174921 | SMIM14 | 2.1798026 | NM_001018056 | VLDLR |
| 2.2264187 | NM_052942 | GBP5 | 2.0186483 | NM_001080466 | BTBD17 |
| 2.2702552 | NM_023067 | FOXL2 | 2.7185744 | NM_145010 | ENKUR |
| 2.609721 | M27390 | | 2.0787122 | AK123449 | FLJ41455 |
| 2.0650991 | NM_024836 | ZNF672 | 3.1009559 | NM_001013742 | DGKK |
| 2.0874624 | NM_138711 | PPARG | 2.3448668 | NM_001782 | CD72 |
| 7.4858098 | NM_006790 | MYOT | 2.2912864 | NM_001011709 | PNLIPRP3 |
| 2.1886997 | NM_001079675 | ETV4 | 2.1801675 | NR_038461 | LINC00892 |
| 2.4377222 | AK056190 | DFNB31 | 2.4284478 | NM_144582 | TEX261 |
| 2.6691193 | NM_007168 | ABCA8 | 2.0458892 | NM_147148 | GSTM4 |
| 23.2596583 | NM_006159 | NELL2 | 2.0012439 | NM_001080482 | C9orf172 |
| 3.3440418 | NM_000343 | SLC5A1 | 2.1071913 | NM_004419 | DUSP5 |
| 3.4264578 | NM_001199 | BMP1 | 2.012764 | NM_001242524 | HLA-DPA1 |
| 3.1525473 | NM_021813 | BACH2 | 2.2764235 | NM_014374 | REPIN1 |
| 2.9427841 | NM_022489 | INF2 | 2.2060178 | NM_020180 | CELF4 |
| 2.7385541 | NR_033828 | LOC100129931 | 2.6602975 | DQ023516 | SLC3A1 |
| 2.2130469 | NM_006762 | LAPTM5 | 2.0536011 | NM_006621 | AHCYL1 |

| Fold Change | Genbank Accession | Gene Symbol | Fold Change | Genbank Accession | Gene Symbol |
|---|---|---|---|---|---|
| 2.2551025 | NM_052860 | ZNF300 | 2.5385022 | NM_001004733 | OR5B12 |
| 3.5254265 | NM_001195 | BFSP1 | 2.5463284 | NM_000801 | FKBP1A |
| 2.3893778 | NM_031962 | KRTAP9-3 | 2.157897 | NM_001382 | DPAGT1 |
| 2.9835236 | D13084 | | 2.1309267 | NM_015621 | CCDC69 |
| 4.1416688 | AK090616 | lnc-ERC1-1 | 2.1673215 | NM_032268 | ZNRF1 |
| 2.0125784 | NM_014508 | APOBEC3C | 2.0049858 | NM_000502 | EPX |
| 4.0394543 | AJ251642 | lnc-CDKN1C-2 | 2.8466511 | NR_024473 | FAM183CP |
| 2.3779863 | XR_428457 | LOC102724462 | 2.0976358 | NM_001035516 | DMKN |
| 2.3115747 | NM_053024 | PFN2 | 2.1662516 | NM_001113490 | AMOT |
| 6.0260026 | NM_024504 | PRDM14 | 2.1764336 | NM_006009 | TUBA1A |
| 2.2240675 | AK127681 | LOC100128333 | 7.2697971 | NM_203297 | TRIM7 |
| 9.8881854 | NM_000780 | CYP7A1 | 5.9571513 | NM_004244 | CD163 |
| 2.1996384 | AF058072 | | 2.2871136 | NM_017784 | OSBPL10 |
| 2.8609379 | NM_080618 | CTCFL | 2.0501185 | AL136548 | ZNF506 |
| 2.6219969 | NR_040117 | LOC392364 | 2.1465823 | AL833195 | RAPGEF5 |
| 2.3202457 | NM_004235 | KLF4 | 2.4706271 | NM_004430 | EGR3 |
| 2.1051237 | AY358253 | | 4.8510835 | NM_145802 | SEPT6 |
| 2.518888 | NM_020975 | RET | 3.3926801 | AK094379 | |
| 2.9408416 | NM_152443 | RDH12 | 2.1922095 | NM_001172 | ARG2 |
| 2.4522443 | NM_017938 | TMEM255A | 2.0836191 | NR_027257 | FLJ26850 |
| 2.363349 | NM_031412 | GABARAPL1 | 2.9645251 | NM_016368 | ISYNA1 |
| 2.2789922 | NM_006026 | H1FX | 2.471979 | NR_002311 | VENTXP7 |
| 2.0080759 | NM_032787 | GPR128 | 3.0386154 | NM_178445 | ACKR4 |
| 3.306019 | NM_022336 | EDAR | 2.3546721 | NM_019062 | RNF186 |
| 2.007054 | NM_004747 | DLG5 | 2.0116392 | NR_026658 | LOC100240735 |
| 3.063667 | NM_030915 | LBH | 2.0188694 | NM_138453 | RAB3C |
| 2.0409862 | NM_022160 | DMRTA1 | 2.5900106 | NM_199329 | SLC43A3 |

多糖的研究及临床应用

续表

| Fold Change | Genbank Accession | Gene Symbol | Fold Change | Genbank Accession | Gene Symbol |
|---|---|---|---|---|---|
| 2.1528697 | NM_014353 | RAB26 | 2.0798613 | NM_001004342 | TRIM67 |
| 2.0071081 | NM_020342 | SLC39A10 | 2.6842815 | NM_001136485 | C11orf86 |
| 6.2310962 | NM_080737 | SYTL4 | 3.2297952 | NM_001164375 | C10orf105 |
| 2.003078 | NR_002229 | RPL23AP32 | 3.8041098 | NM_001291317 | MILR1 |
| 2.75782 | NM_001010908 | C1QL3 | 2.2051063 | NM_001080456 | ZSCAN5B |
| 2.0229317 | NM_201444 | DGKA | 2.4792535 | NM_020828 | ZFP28 |
| 2.7347444 | NM_021244 | RRAGD | 3.4324269 | NM_025250 | TTYH3 |
| 2.4656337 | NR_026810 | FAM106CP | 2.2849487 | NM_001252657 | PP2D1 |
| 2.2548782 | NM_015653 | RIBC2 | 3.1470402 | NM_133379 | TTN |
| 2.4130448 | NM_031468 | CALN1 | 2.5733671 | NM_015419 | MXRA5 |
| 10.4183695 | NM_080827 | WFDC6 | 2.2854322 | NM_002851 | PTPRZ1 |
| 3.6535554 | NM_007148 | RNF112 | 2.0806438 | NM_001164462 | MUC12 |
| 2.1607897 | NM_020963 | MOV10 | 2.9770561 | NM_001290094 | TMPRSS4 |
| 2.0014412 | AB018282 | SLC4A8 | 2.9031351 | NM_001005286 | OR6F1 |
| 6.3313428 | NM_001256530 | TSPO | 2.0876621 | NM_000160 | GCGR |
| 2.5833301 | NM_032943 | SYTL2 | 2.3906758 | NM_013993 | DDR1 |
| 2.0219019 | NM_001040107 | HVCN1 | 2.2871319 | NM_001005192 | OR7G1 |
| 2.5753275 | NM_080737 | SYTL4 | 2.1391772 | NM_003272 | GPR137B |
| 2.5934181 | NM_025087 | CWH43 | 2.9124735 | NM_020859 | SHROOM3 |
| 2.2264873 | NM_005382 | NEFM | 2.4657645 | AF194718 | |
| 2.5740183 | NM_033285 | TP53INP1 | 2.4707564 | NM_001005853 | OR6B2 |
| 2.0801723 | NM_133507 | DCN | 2.0642795 | NM_138705 | CALML6 |
| 2.8690396 | XM_006711588 | PPFIA4 | 2.4048178 | NM_203487 | PCDH9 |
| 2.0059269 | NM_003385 | VSNL1 | 2.4198308 | NM_015393 | PARM1 |
| 3.7939617 | NM_006618 | KDM5B | 3.6687996 | NM_004980 | KCND3 |
| 2.4471701 | NM_052939 | FCRL3 | 3.3212608 | NM_152672 | SLC51A |
| 2.2491595 | NM_025135 | FHOD3 | 2.6713605 | NM_001136022 | NFATC4 |

| Fold Change | Genbank Accession | Gene Symbol | Fold Change | Genbank Accession | Gene Symbol |
|---|---|---|---|---|---|
| 2. 5537868 | NM_015236 | LPHN3 | 2. 1167296 | NM_015254 | KIF13B |
| 2. 1564302 | NM_004331 | BNIP3L | 2. 1724606 | NR_001290 | SNORD116-19 |
| 2. 3260492 | NM_144947 | KLK11 | 4. 3054896 | AK127982 | lnc-VIM-1 |
| 2. 2308368 | NM_020987 | ANK3 | 3. 8759165 | NM_001114395 | CNTLN |
| 2. 0112829 | NM_007289 | MME | 2. 9732212 | NM_004734 | DCLK1 |
| 2. 0027579 | NM_001287815 | UBAP2L | 3. 0705945 | NM_003307 | TRPM2 |
| 3. 1027211 | NR_003003 | SCARNA17 | 3. 0671957 | NM_174981 | POTED |
| 2. 5413592 | NM_002317 | LOX | 3. 3786092 | NM_005547 | IVL |
| 2. 0279422 | NM_007363 | NONO | 2. 8041523 | NM_014005 | PCDHA9 |
| 2. 0177382 | NM_005471 | GNPDA1 | 2. 185848 | NM_004686 | MTMR7 |
| 2. 0167427 | NM_005759 | ABI2 | 2. 0711936 | NM_000110 | DPYD |
| 2. 5130277 | NM_002293 | LAMC1 | 2. 2048336 | BX648982 | DNAJC16 |
| 2. 0258482 | NM_002870 | RAB13 | 2. 061885 | NM_152492 | CCDC27 |
| 2. 8038335 | NM_006495 | EVI2B | 2. 9953052 | NR_033240 | SLC25A21-AS1 |
| 3. 415563 | XR_425303 | PRAMENP | 2. 4103422 | NM_001161834 | C7orf72 |
| 2. 7861623 | NM_016173 | HEMK1 | 2. 2227782 | NM_152989 | SOX5 |
| 4. 936619 | NM_020733 | HEG1 | 2. 0223437 | XR_110089 | LOC401442 |
| 2. 6662405 | NM_005518 | HMGCS2 | 2. 1260837 | NM_032023 | RASSF4 |
| 2. 0171741 | NM_030753 | WNT3 | 2. 9232334 | NM_001277307 | MAGEB17 |
| 2. 2896311 | NM_004574 | SEPT4 | 2. 0108243 | X71347 | HNF1A |
| 2. 5940248 | NR_027060 | FLJ34503 | 2. 6508367 | NM_198572 | SPATC1 |
| 10. 5411517 | NM_001130861 | CLDN5 | 2. 2531313 | NM_201553 | FGL1 |
| 2. 2297046 | AK055023 | LOC219690 | 2. 3441791 | NM_001010939 | LIPJ |
| 2. 3033617 | HW291277 | ND2 | 2. 778058 | AL832596 | SYTL4 |
| 2. 0259477 | NR_026866 | C3orf49 | 4. 9502212 | NM_032532 | FNDC1 |
| 3. 1145627 | NM_023035 | CACNA1A | 2. 3866806 | NM_001002259 | CAPRIN2 |
| 4. 3917666 | AF282269 | GRK7 | 2. 0575366 | NM_018431 | DOK5 |

多糖的研究及临床应用

续表

| Fold Change | Genbank Accession | Gene Symbol | Fold Change | Genbank Accession | Gene Symbol |
|---|---|---|---|---|---|
| 2.0626875 | NM_006168 | NKX6-1 | 2.0857757 | NM_001256873 | USP17L1 |
| 2.1709267 | NM_020376 | PNPLA2 | 2.9938703 | NM_004742 | MAGI1 |
| 3.391598 | NM_000399 | EGR2 | 4.6639263 | NM_001197 | BIK |
| 2.2940522 | NM_019035 | PCDH18 | 2.3250075 | NM_002420 | TRPM1 |
| 2.1417304 | NM_003701 | TNFSF11 | 2.0475022 | NM_153022 | TMEM52B |
| 2.3334548 | NM_023009 | MARCKSL1 | 3.1728764 | NR_125803 | SATB1-AS1 |
| 2.2143729 | NM_001258299 | KIAA1598 | 3.7392362 | BC020879 | MGC24103 |
| 2.5943469 | NM_174933 | PHYHD1 | 2.0630346 | NM_152718 | VWCE |
| 2.3974754 | NM_001006109 | HMCES | 2.4557182 | NM_001964 | EGR1 |
| 2.3071546 | NM_004472 | FOXD1 | 2.039746 | NM_001281295 | M1AP |
| 2.2406074 | NM_002471 | MYH6 | 2.696842 | NM_033199 | UCN2 |
| 2.0750425 | NM_004080 | DGKB | 3.1958759 | NM_173538 | CNBD1 |
| 2.0447394 | NM_024980 | GPR157 | 3.0535733 | NR_024087 | LINC00575 |
| 2.8057086 | NM_001045480 | PRAMEF16 | 2.2441845 | NR_026991 | H1FX-AS1 |
| 2.2098469 | AK126016 | PCBP3-OT1 | 2.1195613 | NM_174896 | C1orf162 |
| 3.0564458 | NM_020147 | THAP10 | 2.3990656 | NR_126029 | LOC340512 |
| 4.33665 | NM_000065 | C6 | 2.0186956 | NM_001768 | CD8A |
| 2.259803 | NM_001774 | CD37 | 2.3071567 | NM_005619 | RTN2 |
| 3.1144219 | NR_026934 | LOC152225 | 5.1771747 | NM_153836 | CREG2 |
| 2.027675 | NM_214710 | PRSS57 | 3.2598238 | NM_001007089 | RESP18 |
| 2.1942504 | NM_021599 | ADAMTS2 | 2.0550104 | NM_000402 | G6PD |
| 2.5877725 | XR_428947 | LOC100505504 | 2.0587238 | NM_032229 | SLITRK6 |
| 2.1685891 | NR_040034 | LOC339298 | 2.0570821 | NM_030967 | KRTAP1-1 |
| 3.5561685 | NM_024940 | DOCK5 | 2.789114 | NM_000450 | SELE |
| 2.1661187 | NM_020428 | SLC44A2 | 2.5570033 | NM_001297435 | FAM53A |
| 2.8120158 | XR_430492 | TAB3 | 2.7466651 | NM_001277333 | ANKRD62 |
| 2.9059168 | NM_002754 | MAPK13 | 2.0057706 | NM_020407 | RHBG |

| Fold Change | Genbank Accession | Gene Symbol | Fold Change | Genbank Accession | Gene Symbol |
|---|---|---|---|---|---|
| 2.4580674 | NM_005730 | CTDSP2 | 2.0181896 | AL834257 | CCDC149 |
| 2.5343685 | NM_003270 | TSPAN6 | 2.1711625 | NM_001014975 | CFH |
| 2.1290281 | NM_003334 | UBA1 | 2.106249 | NM_001243 | TNFRSF8 |
| 4.4609501 | NM_002966 | S100A10 | 2.1093645 | NM_001164446 | C6orf132 |
| 2.5158195 | NM_020768 | KCTD16 | 2.0972386 | NM_015292 | ESYT1 |
| 2.332007 | NM_003098 | SNTA1 | 2.4255212 | NM_032538 | TTBK1 |
| 3.9203906 | NM_001965 | EGR4 | 2.6084359 | NM_003389 | CORO2A |
| 2.0635523 | NM_153271 | SNX33 | 2.3637288 | NM_133374 | ZNF618 |
| 2.9785269 | NM_006382 | CDRT1 | 4.6865861 | NM_001197296 | ECM2 |
| 2.8827378 | NM_001776 | ENTPD1 | 2.0009589 | NM_001258038 | SPRY1 |
| 2.3305522 | NM_052862 | RCSD1 | 2.5048248 | NM_001258024 | SKOR1 |
| 3.3088649 | NM_021801 | MMP26 | 2.7439571 | NM_024743 | UGT2A3 |
| 2.025871 | AK097512 | PHLDB3 | 2.6829488 | NM_005761 | PLXNC1 |
| 2.3851591 | NM_173576 | MKX | 3.901185 | AK128317 | ARNTL |
| 2.0979534 | NM_022141 | PARVG | 2.2621232 | NM_207410 | GFRAL |
| 2.0474388 | NM_139163 | ALS2CR12 | 2.0796625 | NM_138456 | BATF2 |
| 2.1934269 | NM_001256126 | CERS6 | 2.7082351 | EF565113 | LOC100126448 |
| 3.3874698 | NM_001130446 | C10orf131 | 3.1430286 | NM_001008223 | C1QL4 |
| 2.088871 | NM_153026 | PRICKLE1 | 2.6183904 | NM_152432 | ARHGAP42 |
| 3.3166845 | NR_038222 | PROSER2-AS1 | 3.1283714 | NR_034131 | LINC00272 |
| 2.2989666 | NM_001003799 | TARP | 2.2140982 | BC069077 | |
| 2.1354205 | NR_110240 | LOC101929231 | 2.8725438 | NM_020929 | LRRC4C |
| 2.4970375 | NM_014695 | CCDC144A | 2.4535569 | AY240960 | LOC100127947 |
| 2.3197736 | NM_144646 | IGJ | 2.2650517 | NR_034108 | TRAF3IP2-AS1 |
| 2.3342859 | CR749417 | KIAA1598 | 2.3057834 | NM_001962 | EFNA5 |
| 2.1386783 | NR_027087 | LOC284632 | 5.8144132 | CR746068 | |
| 2.0073902 | NM_178497 | C4orf26 | 2.2142727 | NM_001164434 | KRTAP22-2 |

多糖的研究及临床应用

续表

| Fold Change | Genbank Accession | Gene Symbol | Fold Change | Genbank Accession | Gene Symbol |
|---|---|---|---|---|---|
| 3.0306745 | NM_032872 | SYTL1 | 2.8666505 | NM_005549 | KCNA10 |
| 2.1954928 | NM_001080824 | TRABD2A | 2.0362833 | BC022268 | ACOXL |
| 2.061874 | NM_001206572 | SORCS1 | 2.1286142 | NM_001291490 | ZNF285 |
| 3.0602451 | NM_001144937 | FNDC7 | 2.5066231 | AY461701 | |
| 2.3328176 | NM_000509 | FGG | 2.0873798 | NM_032129 | PLEKHN1 |
| 3.4406604 | NM_001042478 | AJAP1 | 2.4170384 | NM_004423 | DVL3 |
| 2.0891673 | NM_013326 | C18orf8 | 5.6603211 | NM_000798 | DRD5 |
| 2.4508157 | NR_046249 | GM140 | 2.0051206 | NM_005451 | PDLIM7 |
| 2.0882148 | NR_038881 | LOC286190 | 2.083071 | NM_001204404 | ANK3 |
| 2.1582835 | NM_057168 | WNT16 | 2.32813 | CD654100 | SNORA19 |
| 2.0741589 | NM_005708 | GPC6 | 2.5498559 | NM_001197218 | PDE4D |
| 4.5538466 | NM_001024630 | RUNX2 | 2.1547896 | AK092432 | JRK |
| 2.6942317 | NM_001130711 | CLEC2A | 2.1455702 | NR_026801 | FAM74A3 |
| 2.1385262 | NM_020964 | EPG5 | 2.1397949 | NM_031935 | HMCN1 |
| 2.4727814 | NM_024503 | HIVEP3 | 3.8258704 | AK125684 | LOC100131132 |
| 2.0375348 | NM_203365 | RAPH1 | 2.2402796 | NM_001017990 | H2AFB1 |
| 2.656674 | NM_019596 | C21orf62 | 3.6265537 | NM_017662 | TRPM6 |
| 2.1970191 | NM_172207 | CAMKK1 | 2.2366238 | NM_022788 | P2RY12 |
| 2.6838948 | NM_001142343 | CMKLR1 | 2.6332564 | NM_004442 | EPHB2 |
| 2.3052528 | HV444967 | CYTB | 2.0883391 | NR_038887 | LINC00951 |
| 2.1074047 | NM_001145855 | SH3BP2 | 3.2829173 | NM_002667 | PLN |
| 2.319602 | NR_033983 | LINC01538 | 3.2841953 | NM_001005324 | OR10V1 |
| 2.4407212 | NR_024451 | JHDM1D-AS1 | 2.4149975 | NM_001009616 | SPANXN5 |
| 8.0798695 | NM_033181 | CNR1 | 2.2367827 | NM_001083909 | GPR123 |
| 2.6843751 | NM_000168 | GLI3 | 2.3989213 | AK024389 | |
| 2.0029386 | AK131244 | AK9 | 2.2869848 | NM_014464 | TINAG |
| 2.1179974 | NM_002763 | PROX1 | 3.8668511 | BC046631 | NRXN1 |

| Fold Change | Genbank Accession | Gene Symbol | Fold Change | Genbank Accession | Gene Symbol |
| --- | --- | --- | --- | --- | --- |
| 2.0877775 | NM_173509 | FAM163A | 3.0311604 | NM_001039508 | SIRPG |
| 2.8245871 | NM_001102562 | MARCH11 | 2.2883737 | NR_026975 | FIRRE |
| 2.1488384 | NM_152539 | C3orf30 | 2.0506006 | NM_001025158 | CD74 |
| 2.3403088 | AB110790 | SNCAIP | 2.5862571 | NM_138700 | TRIM40 |
| 2.3379927 | NM_032135 | FSCB | 2.622221 | NM_014809 | KIAA0319 |
| 3.9085351 | NM_003812 | ADAM23 | 2.0995013 | NM_001110822 | TDRD12 |
| 2.8098396 | NM_138806 | CD200R1 | 2.9368718 | NM_145175 | FAM84A |
| 2.2105419 | NM_006651 | CPLX1 | 2.2401464 | NM_024827 | HDAC11 |
| 5.1198516 | NM_145802 | SEPT6 | 2.5587115 | NM_014369 | PTPN18 |
| 2.1384511 | NM_001958 | EEF1A2 | 2.4906443 | NM_006120 | HLA-DMA |
| 2.6274596 | NM_000210 | ITGA6 | 2.0917813 | NR_046231 | LINC01168 |
| 2.0553976 | NM_178526 | SLC25A42 | 2.2602874 | NM_006492 | ALX3 |
| 2.2003651 | NM_138999 | NETO1 | 10.4547452 | NM_207491 | CCSER1 |
| 2.574666 | NM_001004730 | OR5AR1 | 3.801295 | JF432437 | C7orf33 |
| 3.7225107 | AK096012 | lnc-FGFR1OP-6 | 2.4991353 | NR_038263 | SOCS2-AS1 |
| 2.006656 | NM_001278426 | LILRB4 | 2.0751491 | NM_001303241 | CNOT6 |
| 3.7215097 | NM_134444 | NLRP4 | 2.6367997 | NM_174937 | TCERG1L |
| 3.5599167 | NM_016368 | ISYNA1 | 2.8721612 | NM_002398 | MEIS1 |
| 2.1372672 | NM_004829 | NCR1 | 3.2037154 | NM_004248 | PRLHR |
| 2.4794915 | NM_001025231 | KPRP | 2.6856048 | NM_001168648 | CNKSR2 |
| 2.1395795 | NM_015976 | SNX7 | 3.7097514 | NM_030926 | ITM2C |
| 2.1836516 | NM_015086 | DDN | 2.9292514 | NM_001124756 | PABPC1L |
| 3.2782614 | NM_024733 | ZNF665 | 6.0155594 | NM_144649 | TMEM71 |
| 3.0841521 | NM_130902 | COX7B2 | 2.0853066 | NR_109841 | LINC01205 |
| 3.6320539 | NM_030965 | ST6GALNAC5 | 2.558697 | NM_017679 | BCAS3 |
| 2.5426749 | NM_003355 | UCP2 | 2.9697315 | NM_020988 | GNAO1 |
| 2.1488027 | NR_034024 | LINC00347 | 3.4068596 | NM_024688 | CCDC7 |

多
糖
的
研
究
及
临
床
应
用

续表

| Fold Change | Genbank Accession | Gene Symbol | Fold Change | Genbank Accession | Gene Symbol |
|---|---|---|---|---|---|
| 2.7939665 | NM_173519 | CLVS1 | 2.2187975 | NM_005631 | SMO |
| 3.2594655 | XM_006715545 | BACH2 | 2.0570609 | NM_001076785 | SLC7A6 |
| 3.2297348 | NR_033971 | DKFZp686K1684 | 2.2042583 | NM_001005203 | OR8S1 |
| 2.242572 | NM_001040619 | ATF3 | 2.2706007 | NM_005697 | SCAMP2 |
| 2.28608 | AF315716 | LOC100132319 | 2.3694511 | BX648586 | lnc-WDR27-1 |
| 4.3029071 | NR_108095 | LOC100240728 | 2.0816002 | NM_024824 | ZC3H14 |
| 2.3738876 | NM_018180 | DHX32 | 3.1213142 | NM_182606 | TMPRSS11A |
| 4.0120854 | NM_016307 | PRRX2 | 3.1515278 | NM_018327 | SPTLC3 |
| 2.1133856 | NM_002944 | ROS1 | 2.4688143 | NR_120387 | LOC339059 |
| 2.0267241 | NM_005009 | NME4 | 2.6591985 | NM_173518 | MCMDC2 |
| 2.1043694 | AK131288 | ATP6 | 2.2462841 | NR_024560 | MAPT-IT1 |
| 3.063777 | NM_001080500 | VWC2L | 2.1596081 | AL834189 | VPS37A |
| 2.001254 | NM_032261 | SPATC1L | 3.033083 | XR_108863 | LOC100506351 |
| 2.3997902 | NM_001270440 | RTBDN | 2.099763 | NM_004220 | ZNF213 |
| 2.9529256 | NM_000266 | NDP | 3.492973 | AL512720 | DKFZp547J222 |
| 2.0975099 | NM_001149 | ANK3 | 2.3707664 | NM_014644 | PDE4DIP |
| 2.2113841 | AK127688 | ADAMTSL4-AS1 | 2.1624084 | XM_006722561 | TMEM241 |
| 4.1857127 | NM_001013650 | PRR23B | 3.9260205 | NM_021969 | NR0B2 |
| 2.7243641 | AB593134 | FAM78B | 2.0870757 | NM_175913 | JPH2 |
| 2.320083 | NR_026998 | LOC91450 | 2.0842934 | NM_004617 | TM4SF4 |
| 3.9404254 | NM_033328 | CAPZA3 | 2.8360339 | NM_182546 | VSTM2A |
| 3.2605298 | XR_110148 | LOC100130938 | 2.0495799 | NM_024783 | AGBL2 |
| 2.0027799 | NM_001276 | CHI3L1 | 2.0338971 | NM_003728 | UNC5C |
| 2.8409046 | NM_148960 | CLDN19 | 3.2809079 | NM_024080 | TRPM8 |
| 2.2254258 | NM_017420 | SIX4 | 2.3035236 | NM_001005405 | KRTAP5-11 |
| 3.1027026 | NM_001202435 | SCN1A | 2.9254882 | NM_001145004 | GOLGA6L6 |
| 2.0269662 | NM_012112 | TPX2 | 2.027604 | NM_175735 | LYG2 |

| Fold Change | Genbank Accession | Gene Symbol | Fold Change | Genbank Accession | Gene Symbol |
|---|---|---|---|---|---|
| 2.9761516 | NM_007289 | MME | 2.0203723 | NM_133267 | GSX2 |
| 3.6702039 | NM_001145805 | IRGM | 2.0149932 | NM_177417 | KLC3 |
| 2.5143279 | NM_005838 | GLYAT | 2.3794592 | NM_018849 | ABCB4 |
| 2.0041043 | NM_014694 | ADAMTSL2 | 3.180933 | NM_053279 | FAM167A |
| 2.1196192 | AA861243 | NCRNA00249 | 2.1921598 | NM_012102 | RERE |
| 2.2172212 | NM_001266 | CES1 | 4.6377132 | AK056786 | SLC2A1-AS1 |
| 2.0437848 | NM_033467 | MMEL1 | 2.1662261 | NR_103545 | BLACE |
| 3.1967025 | NM_000073 | CD3G | 2.2771384 | NM_004567 | PFKFB4 |
| 2.9281592 | NM_016524 | SYT17 | 2.6089802 | NR_075071 | LRRC9 |
| 2.8214886 | NM_001015001 | CKMT1A | 2.9433465 | NM_003383 | VLDLR |
| 2.063685 | NM_031297 | RNF208 | 2.3083612 | NM_000150 | FUT6 |
| 2.1054205 | XM_006710266 | LOC102723552 | 2.4115279 | NM_198229 | RGS12 |
| 2.2839155 | NM_002833 | PTPN9 | 3.6358735 | NM_032704 | TUBA1C |
| 2.1206051 | NM_020395 | INTS12 | 6.0792616 | BX640643 | ACTR3C |
| 3.0321821 | AK123125 | lnc-PDE6B-1 | 2.7662079 | BX640643 | ACTR3C |
| 2.0960585 | NM_005984 | SLC25A1 | 3.918556 | NM_001234 | CAV3 |
| 2.1865334 | NM_013227 | ACAN | 3.5454319 | NM_005584 | MAB21L1 |
| 2.6636874 | NR_024585 | DLG5-AS1 | 6.6101449 | NM_001252677 | ACSS1 |
| 3.1478775 | NM_000151 | G6PC | 2.7162711 | XM_005276719 | |
| 2.9206328 | XR_241065 | FCRL3 | 12.7248293 | NM_152335 | C15orf27 |
| 2.2068845 | NM_004533 | MYBPC2 | 2.0017644 | NM_173589 | DNHD1 |
| 2.8852381 | NM_014308 | PIK3R5 | 2.4401198 | NM_001003927 | EVI2A |
| 3.6485069 | NM_001001915 | OR2G2 | 2.0635592 | NM_199280 | FAM179A |
| 2.271845 | NM_001277406 | POTEI | 2.358596 | NM_001142800 | EYS |
| 2.4844924 | NR_027906 | MLLT4-AS1 | 2.4954984 | NM_001102566 | PCP4L1 |
| 3.20543 | NM_001008496 | PIWIL3 | 3.9812366 | AK090967 | AK5 |
| 4.8389492 | NR_104155 | LOC387810 | 2.4473214 | NM_033309 | B3GNT9 |

多糖的研究及临床应用

续表

| Fold Change | Genbank Accession | Gene Symbol | Fold Change | Genbank Accession | Gene Symbol |
|---|---|---|---|---|---|
| 2.0792799 | NM_000350 | ABCA4 | 2.1357373 | NM_001130413 | SCNN1D |
| 2.0823754 | NM_017551 | GRID1 | 2.0761235 | NM_198460 | GBP6 |
| 2.5835385 | NM_013305 | ST8SIA5 | 2.017204 | XM_006716978 | KIAA1958 |
| 3.8916312 | NM_053279 | FAM167A | 2.0506055 | NM_002048 | GAS1 |
| 2.914802 | NM_001264 | CDSN | 4.0212625 | NM_001162491 | ARL13A |
| 2.3729414 | NM_005060 | RORC | 2.7157369 | NM_001042633 | SNX21 |
| 2.9369848 | NM_001004700 | OR4C11 | 2.1435526 | NR_040249 | CYP2G1P |
| 3.6539181 | AK126076 | lnc-NPHS2-1 | 2.5699244 | NM_052968 | APOA5 |
| 2.1493519 | NM_000694 | ALDH3B1 | 2.109494 | NM_019841 | TRPV5 |
| 2.1373032 | NM_031501 | PCDHA5 | 2.7698491 | NR_036433 | FAM172BP |
| 2.7265778 | NM_001289115 | SHBG | 2.2040389 | NM_018414 | ST6GALNAC1 |
| 5.3921903 | NM_031963 | KRTAP9-8 | 2.7637823 | XM_005272231 | PPAPDC3 |
| 4.7523925 | NM_024423 | DSC3 | 2.0232379 | NM_001852 | COL9A2 |
| 2.8260771 | NM_016945 | TAS2R16 | 8.1613262 | NM_021181 | SLAMF7 |
| 2.8095569 | NM_020721 | KIAA1210 | 2.8087873 | AK094114 | LOC100130278 |
| 2.6386147 | NM_001007176 | C8orf22 | 3.7170405 | BC021736 | lnc-C11orf88-1 |
| 2.5545104 | NM_000120 | EPHX1 | 2.3051132 | NM_002345 | LUM |
| 3.076477 | NM_020682 | AS3MT | 2.0364094 | NM_052836 | CDH23 |
| 2.8380518 | NM_015567 | SLITRK5 | 5.1777611 | NR_110458 | HAGLR |
| 2.5422468 | NM_001136482 | C19orf38 | 2.1047042 | XM_006717970 | MMRN2 |
| 2.4309292 | NM_031455 | CCDC3 | 4.5795194 | BC060774 | TBATA |
| 3.4609039 | NM_001008737 | LOC401052 | 4.7022841 | NM_153839 | GPR111 |
| 2.2607179 | NM_173808 | NEGR1 | 2.2409984 | NR_034097 | JAZF1-AS1 |
| 2.6652964 | NM_006574 | CSPG5 | 2.3958572 | NM_182761 | FAM170A |
| 2.0253226 | NM_012131 | CLDN17 | 5.5927715 | NM_000197 | HSD17B3 |
| 2.0226734 | NM_152607 | C1orf177 | 4.6534509 | NM_005621 | S100A12 |
| 2.6687675 | NR_038976 | LOC339874 | 2.4650016 | NR_015447 | LOC153684 |

| Fold Change | Genbank Accession | Gene Symbol | Fold Change | Genbank Accession | Gene Symbol |
|---|---|---|---|---|---|
| 2.1275821 | NM_014238 | KSR1 | 2.0074499 | NM_001040033 | CD53 |
| 2.1811874 | AK125281 | FAM20C | 2.7479227 | NM_001024611 | LRRC66 |
| 2.1676826 | AY158005 | ZBTB8OS | 4.1062285 | NM_001114123 | ELK1 |
| 9.5579187 | NM_032899 | FAM83A | 2.765153 | NR_028347 | FAM183B |
| 2.5087185 | NM_080675 | SUN5 | 2.616984 | NM_000282 | PCCA |
| 2.7125749 | NR_027345 | LINC00173 | 2.1825202 | NM_138570 | SLC38A10 |
| 2.0895206 | NM_001244 | TNFSF8 | 2.4374395 | NM_005046 | KLK7 |
| 4.7339111 | NM_006056 | NMUR1 | 2.2014819 | NM_025138 | PROSER1 |
| 2.7361784 | NM_207645 | C11orf87 | 2.5416167 | NM_001127258 | HHIPL1 |
| 3.6262113 | NM_005985 | SNAI1 | 2.0555337 | NM_024843 | CYBRD1 |
| 2.7675422 | NM_014521 | SH3BP4 | 2.5240498 | NM_182589 | HTR3E |
| 5.0972355 | NR_046005 | TMCO5B | 2.2680666 | NM_001358 | DHX15 |
| 3.4858778 | NM_001170754 | C1orf127 | 2.1413231 | | lnc-POLR2B-1 |
| 2.6259128 | NM_001145465 | NANOGNB | 2.2019352 | NM_152578 | FMR1NB |
| 2.0736061 | NM_001012415 | SOHLH1 | 2.754208 | NM_144665 | SESN3 |
| 2.085235 | NM_006070 | TFG | 2.2870549 | NM_001098491 | ZNF419 |
| 3.4703946 | NM_002235 | KCNA6 | 2.628152 | NM_020859 | SHROOM3 |
| 4.5928829 | NM_016817 | OAS2 | 2.7311168 | NM_002348 | LY9 |
| 2.1055209 | NM_013272 | SLCO3A1 | 2.3959404 | AK057071 | LOC101929612 |
| 3.6273949 | NM_001080464 | ASPG | 2.5790129 | NM_001098824 | TMEM91 |
| 3.2647828 | NM_006458 | TRIM3 | 3.4561724 | AK127397 | |
| 2.0243223 | NM_001286617 | MAP3K7CL | 2.9374518 | NM_023920 | TAS2R13 |
| 2.0224421 | NM_002743 | PRKCSH | 2.509648 | NM_015276 | USP22 |
| 2.4064876 | NM_001142935 | MXD3 | 2.3842177 | NM_003679 | KMO |
| 2.1006935 | NM_013292 | MYLPF | 2.0929705 | NM_001077198 | ATG9A |
| 2.4952546 | NM_021794 | ADAM30 | 2.7222744 | NM_001271829 | C9orf92 |
| 2.6523264 | XR_109781 | LOC100126447 | 2.580886 | NR_026919 | LINC00896 |

第二篇　多糖的实验研究

6

续表

| Fold Change | Genbank Accession | Gene Symbol | Fold Change | Genbank Accession | Gene Symbol |
|---|---|---|---|---|---|
| 3.9010306 | NM_133468 | BMPER | 2.3203284 | BC000228 | COX2 |
| 4.2046896 | NM_001037804 | DEFB130 | 2.5994806 | BC061582 | TCTN3 |
| 2.4446971 | NM_001102658 | CT62 | 2.5567938 | NM_178450 | MARCH3 |
| 6.2148734 | NM_173799 | TIGIT | 2.9796025 | NR_004387 | SCARNA10 |
| 5.9979737 | AK126134 | ACSM6 | 2.1404124 | NM_001286947 | TXNDC8 |
| 4.8049396 | NM_201651 | SLC28A1 | 3.3386369 | NM_174920 | SAMD14 |
| 2.1362842 | NM_001004125 | TUSC1 | 3.3255985 | NM_003558 | PIP5K1B |
| 2.1394383 | BC110596 | ZACN | 5.6397113 | NM_001005517 | OR5K4 |
| 2.2763532 | NM_020348 | CNNM1 | 2.9410225 | NM_000845 | GRM8 |
| 3.4456496 | NM_001004465 | OR10H4 | 2.822538 | NM_014889 | PITRM1 |
| 2.0159298 | NM_015284 | SZT2 | 2.1945848 | NM_000023 | SGCA |
| 2.5146454 | NM_003127 | SPTAN1 | 2.459808 | NM_000407 | GP1BB |
| 2.8556596 | NM_024863 | TCEAL4 | 6.4178261 | NM_134444 | NLRP4 |
| 2.8820984 | NM_007328 | KLRC1 | 6.6140521 | NM_001077711 | KRTAP27-1 |
| 2.2824847 | NM_052831 | SLC18B1 | 7.5412841 | NM_001001872 | C14orf37 |
| 2.2194283 | NM_014858 | TMCC2 | 2.0375437 | NM_002915 | RFC3 |
| 4.8685545 | NM_001080518 | LIPK | 4.755013 | NM_001243537 | LOC388849 |
| 3.380469 | NM_032206 | NLRC5 | 2.173007 | AK096512 | LOC100132363 |
| 3.6282428 | NM_002575 | SERPINB2 | 2.1160407 | NM_205859 | OR2K2 |
| 2.3049611 | NM_033124 | CCDC65 | 4.1901692 | NM_003465 | CHIT1 |
| 2.1152423 | NM_018986 | SH3TC1 | 5.9994024 | NM_001104587 | SLFN11 |
| 4.3185303 | NM_152628 | SNX31 | 2.551934 | XR_112044 | LOC644083 |
| 2.1121887 | NM_000355 | TCN2 | 3.5355876 | NM_002202 | ISL1 |
| 2.2967571 | NM_198551 | MIA3 | 2.1144363 | NM_001265577 | KIF18B |
| 3.1583959 | NM_173081 | ARMC3 | 3.1121731 | NM_002390 | ADAM11 |
| 3.2758266 | NM_144650 | ADHFE1 | 3.7717012 | NM_000727 | CACNG1 |
| 2.1092025 | NM_001286459 | N4BP2L1 | 2.3870014 | NM_005479 | FRAT1 |

| Fold Change | Genbank Accession | Gene Symbol | Fold Change | Genbank Accession | Gene Symbol |
|---|---|---|---|---|---|
| 2.303581 | NM_207191 | ADAM15 | 2.3230632 | XR_425912 | LOC728093 |
| 3.3347837 | NM_024690 | MUC16 | 2.7020531 | AB209124 | DNM1 |
| 3.1671608 | NM_052961 | SLC26A8 | 7.5370904 | NM_005672 | PSCA |
| 2.6685764 | NM_005779 | LHFPL2 | 3.7836735 | NM_001007122 | FSD2 |
| 2.0082369 | NM_001364 | DLG2 | 2.0021743 | NM_006551 | SCGB1D2 |
| 3.0302773 | NM_152413 | GOT1L1 | 2.3284356 | NM_213596 | FOXN4 |
| 2.1461958 | EF467046 | LGALS8 | 5.1955267 | NM_001025069 | ARPP21 |
| 2.242178 | NM_198476 | C19orf54 | 2.2067084 | NM_001122679 | TENM2 |
| 2.9145905 | NM_001851 | COL9A1 | 2.4119844 | NM_176821 | NLRP10 |
| 4.0169291 | NM_032133 | MYCBPAP | 2.1151525 | NM_138370 | PKDCC |
| 2.1627686 | NR_027374 | LHFPL3-AS2 | 2.5015198 | NM_001130404 | PRR20B |
| 2.07647 | NM_030647 | KDM7A | 7.746596 | AF130063 | LOC100129449 |
| 2.3872079 | BC037547 | CDC20B | 2.0720527 | NM_006319 | CDIPT |
| 2.619765 | NM_000260 | MYO7A | 2.406069 | NM_032530 | ZNF594 |
| 2.6735262 | NM_007327 | GRIN1 | 3.7121654 | NR_077244 | LOC729930 |
| 2.0992515 | NM_022908 | NT5DC2 | 2.1700467 | NM_030959 | OR12D3 |
| 2.5286155 | AB002058 | P2RX6 | 2.8393738 | NM_147195 | ANKRD18A |
| 2.9144669 | NM_000337 | SGCD | 6.6100487 | NM_001005353 | AK4 |
| 2.7790209 | NM_173681 | ATG9B | 2.08702 | NM_014656 | KIAA0040 |
| 3.2745508 | NM_001005783 | HAO2 | 8.4614054 | NM_001172813 | SLC30A8 |
| 3.7837092 | BG215431 | C1orf143 | 4.5570263 | AK130873 | LOC100288619 |
| 2.9393949 | NM_001258406 | IRG1 | 2.0171432 | NR_004400 | RNVU1-18 |
| 2.6837975 | NM_024496 | IRF2BPL | 2.4112936 | NM_205834 | LSR |
| 2.097835 | NM_015042 | ZNF609 | 4.8393202 | NM_001007534 | C3orf56 |
| 3.5030508 | NM_001172657 | ZFYVE28 | 4.6797187 | NM_001190766 | STMND1 |
| 4.0791382 | XR_430138 | NDUFS7 | 3.7211911 | NM_001287395 | MROH2A |
| 3.2152903 | NM_006946 | SPTBN2 | 2.0117325 | NM_153710 | STKLD1 |

多糖的研究及临床应用

续表

| Fold Change | Genbank Accession | Gene Symbol | Fold Change | Genbank Accession | Gene Symbol |
|---|---|---|---|---|---|
| 2.1240286 | NR_038464 | LINC00857 | 2.4230069 | NM_207322 | C2CD4A |
| 4.2951187 | NR_033829 | MIR4500HG | 2.1429595 | XR_109661 | LOC150051 |
| 3.2427122 | NM_001105579 | SYNDIG1L | 2.1109648 | NM_015917 | GSTK1 |
| 2.7803369 | NM_001130518 | CSGALNACT1 | 2.5809407 | NM_152577 | ZNF645 |
| 2.2308577 | NR_027701 | LINC00346 | 3.1850292 | NM_032391 | PRAC1 |
| 2.8180699 | BC027709 | PTPLA | 3.1071436 | NM_015028 | TNIK |
| 2.7341421 | NM_052916 | RNF157 | 2.2034192 | NM_030927 | TSPAN14 |
| 2.7521313 | NM_001134673 | NFIA | 2.3986107 | NM_182556 | SLC25A45 |
| 2.3014974 | NM_014467 | SRPX2 | 2.8556813 | AK172748 | TMEM41A |
| 3.5376612 | NR_024593 | POM121L10P | 2.7625307 | NM_001005283 | OR9Q2 |
| 2.2274984 | NM_001005326 | OR4F6 | 2.192317 | NM_001957 | EDNRA |
| 3.4449697 | NM_001004482 | OR13C5 | 2.1862688 | NM_153486 | LDHD |
| 4.6054023 | NM_001166247 | GRIK2 | 2.1107153 | AF370407 | LOC100128508 |
| 2.6972065 | NM_001004725 | OR4S1 | 2.9290788 | NM_173651 | FSIP2 |
| 2.763431 | NM_001080504 | RBM44 | 3.516471 | NM_130770 | HTR3C |
| 2.4302601 | NM_022748 | TNS3 | 2.1830746 | NR_026551 | CA5BP1 |
| 2.4252458 | NM_206922 | CRIP3 | 2.6209156 | NM_001098835 | MS4A15 |
| 2.0888431 | NR_002163 | OR7E37P | 2.0409828 | NM_032786 | ZC3H10 |
| 2.8048091 | NM_001037813 | ZNF284 | 2.0471673 | NM_005015 | OXA1L |
| 2.5638661 | NM_001719 | BMP7 | 2.0630556 | XR_242715 | DKFZp667F0711 |
| 2.594962 | NM_001024596 | ZNF772 | 3.142107 | NM_174959 | SVOPL |
| 3.8712442 | AK094390 | NALCN | 2.3427516 | NM_002303 | LEPR |
| 2.1310963 | NM_005741 | ZNF263 | 6.8865929 | NM_000764 | CYP2A7 |
| 2.2319726 | NM_001114618 | MGAT1 | 2.2980542 | XR_247884 | LOC283435 |
| 2.1608371 | NM_001243531 | UBE2Q2L | 2.7019463 | NM_130439 | MXI1 |
| 3.861469 | NR_029390 | LOC284412 | 3.2659552 | NM_024866 | ADM2 |
| 3.2638874 | NR_033980 | LINC01185 | 3.1042153 | X58330 | |

| Fold Change | Genbank Accession | Gene Symbol | Fold Change | Genbank Accession | Gene Symbol |
|---|---|---|---|---|---|
| 2.447617 | NM_032428 | FRMPD3 | 3.5530771 | NM_003152 | STAT5A |
| 2.1745833 | NM_170662 | CBLB | 3.0068646 | NM_152598 | MARCH10 |
| 3.7766314 | AK126336 | ORMDL1 | 2.2248544 | NM_001282402 | MIXL1 |
| 2.7064252 | NM_001289973 | XKR5 | 2.135489 | NM_024667 | VPS37B |
| 4.4204002 | NM_001155 | ANXA6 | 4.6804018 | NM_001005168 | OR52E8 |
| 2.2346161 | NM_001039477 | THEMIS2 | 2.629654 | AK097322 | ND4 |
| 2.7921538 | NM_001012659 | ARGFX | 2.0712203 | NM_007075 | WDR45 |
| 2.6696415 | NM_001733 | C1R | 4.1851725 | NM_001277378 | C19orf67 |
| 2.2728209 | NM_024645 | ZMAT4 | 2.957348 | NR_024280 | UNQ6494 |
| 2.0643869 | NM_019601 | SUSD2 | 2.1378874 | NM_001025109 | CD34 |
| 2.2526638 | NM_001290294 | SORBS1 | 2.3290049 | NM_004491 | ARHGAP35 |
| 4.1318289 | NM_001079512 | TVP23A | 2.0961787 | NM_001141 | ALOX15B |
| 2.447771 | NM_207374 | OR10W1 | 3.201818 | NM_001037802 | SKOR2 |
| 2.1379366 | NM_017773 | LAX1 | 2.5798808 | NM_005165 | ALDOC |
| 2.880225 | NM_023940 | RASL11B | 2.7742163 | NM_022769 | CRTC3 |
| 2.921172 | NM_001733 | C1R | 2.050651 | NM_014376 | CYFIP2 |
| 2.134514 | NM_001312 | CRIP2 | 2.4165362 | AK124561 | LOC100133145 |
| 2.4449257 | NM_198148 | CPXM2 | 3.9379495 | AB306184 | |
| 2.5807228 | NM_000928 | PLA2G1B | 2.5375232 | NM_016147 | PPME1 |
| 5.3919634 | NR_026682 | LOC100268168 | 2.7227175 | NM_003948 | CDKL2 |
| 2.0228481 | NM_001142483 | NREP | 2.2571339 | NM_138401 | MVB12A |
| 2.3268432 | NM_001136503 | SMIM24 | 4.9720262 | NM_001287491 | TET3 |
| 2.5366384 | NM_001282534 | KCNK9 | 2.1738087 | NM_017542 | POGK |
| 2.2090943 | NM_001280561 | TMEM249 | 2.3754065 | NM_020340 | KIAA1244 |
| 2.3931579 | NM_175882 | SPPL2C | 2.4715406 | NR_026762 | OLMALINC |
| 3.026086 | NM_014413 | EIF2AK1 | 5.2457542 | NM_024966 | SEMA6D |
| 5.1311091 | NM_001010855 | PIK3R6 | 2.7135566 | NM_012285 | KCNH4 |

第二篇 多糖的实验研究

99

多糖的研究及临床应用

续表

| Fold Change | Genbank Accession | Gene Symbol | Fold Change | Genbank Accession | Gene Symbol |
|---|---|---|---|---|---|
| 5.4909752 | NM_181784 | SPRED2 | 2.5109007 | NM_000053 | ATP7B |
| 2.1826061 | AK131464 | GAK | 2.2343547 | NM_002049 | GATA1 |
| 2.0733648 | NM_023928 | AACS | 2.7614787 | NM_018424 | EPB41L4B |
| 2.8564875 | NM_138715 | MSR1 | 2.1430834 | NM_003019 | SFTPD |
| 3.5390781 | NM_000474 | TWIST1 | 4.039552 | NM_001018100 | MYZAP |
| 3.9462312 | NM_198989 | DLEU7 | 4.3192445 | AK126625 | ZNF551 |
| 2.7689991 | NM_001009992 | ZNF648 | 2.4464795 | NM_033060 | KRTAP4-1 |
| 7.7081604 | NM_006144 | GZMA | 2.8387872 | NM_001080417 | ZNF629 |
| 2.7924484 | NM_173499 | SPATA8 | 2.7738485 | NM_001287438 | COBL |
| 2.2820108 | NM_207309 | UAP1L1 | 4.4410435 | NM_001164446 | C6orf132 |
| 2.4080035 | AL079276 | OVOL2 | 2.2881847 | AK128101 | ATP8 |
| 4.0187051 | NM_000440 | PDE6A | 2.8213755 | NM_012223 | MYO1B |
| 3.0001815 | NM_032511 | FAXC | 4.2898788 | NM_001042590 | TMEM8B |
| 2.3969802 | AK123323 | LOC100128429 | 3.0932729 | XR_159012 | FLJ31945 |
| 4.9209096 | NM_173463 | CCDC149 | 2.994239 | NM_001661 | ARL4D |
| 2.3133042 | XR_249926 | NQO2 | 5.4131839 | NM_001869 | CPA2 |
| 2.4263105 | NM_015296 | DOCK9 | 9.827097 | NM_175929 | FGF14 |
| 3.0905926 | XM_006719176 | LOC728715 | 2.7095889 | NM_001190259 | GCSAM |
| 3.2551427 | AK298164 | USP42 | 2.1203317 | NM_002437 | MPV17 |
| 2.0390081 | NM_175744 | RHOC | 6.7866532 | NM_012367 | OR2B6 |
| 4.8722826 | BC060765 | MCOLN3 | 6.2263769 | NM_004139 | LBP |
| 2.6580577 | NM_001018065 | NTRK2 | 3.5351188 | NR_108107 | FAM230B |
| 2.0866732 | NM_181598 | ATL1 | 2.1778708 | NM_014375 | FETUB |
| 2.407651 | NM_002476 | MYL4 | 2.2167622 | NM_001004476 | OR10K2 |
| 2.9781237 | NM_032430 | BRSK1 | 2.2428939 | NM_006087 | TUBB4A |
| 6.5957115 | NM_198137 | CATSPER4 | 2.1938228 | NM_001135686 | TARM1 |
| 2.2606604 | NM_170697 | ALDH1A2 | 4.029196 | NM_006072 | CCL26 |

| Fold Change | Genbank Accession | Gene Symbol | Fold Change | Genbank Accession | Gene Symbol |
|---|---|---|---|---|---|
| 2.1743042 | NM_172370 | DAOA | 2.1824101 | NR_024381 | LINC00895 |
| 3.2481661 | NM_001012418 | MYLK4 | 2.2140503 | NM_001017920 | DAPL1 |
| 2.0610379 | NM_001514 | GTF2B | 2.0854698 | NR_033984 | LOC400548 |
| 2.2320959 | NM_020415 | RETN | 4.5896776 | BC043599 | CIDECP |
| 3.0959385 | NM_007129 | ZIC2 | 2.2886693 | NM_018184 | ARL8B |
| 2.6446291 | NM_001206609 | SELPLG | 2.1537823 | NM_012242 | DKK1 |
| 3.4265055 | XM_006726565 | LOC100653133 | 2.2141393 | NM_001665 | RHOG |
| 2.1784058 | NM_025052 | MAP3K19 | 2.1540865 | NM_181710 | ZNRF4 |
| 2.0950617 | NR_024237 | LOC100132111 | 2.2745256 | NR_024385 | LINC00608 |
| 2.527215 | NM_001017969 | KIAA2026 | 2.3415925 | NM_001001132 | ITSN1 |
| 2.1170969 | NR_002223 | TPRXL | 4.7906144 | NM_017933 | PID1 |
| 2.5992727 | NM_006150 | PRICKLE3 | 4.234192 | NM_182546 | VSTM2A |
| 2.4464878 | AK092594 | lnc-RPS27L-2 | 2.224805 | NM_001776 | ENTPD1 |
| 2.8788097 | NM_001198834 | PDE4DIP | 4.7766114 | NM_001002231 | KLK2 |
| 3.2180684 | NM_003812 | ADAM23 | 3.3331141 | NM_005221 | DLX5 |
| 3.6342236 | NR_026870 | LOC100129935 | 2.5090769 | NM_181519 | SYT15 |
| 2.2845647 | BG719595 | lnc-MEP1B-1 | 2.8782049 | NM_144727 | CRYGN |
| 2.7297 | AK294518 | LINC00856 | 2.0481685 | NM_001142777 | HSD3B7 |
| 2.1433177 | NM_145805 | ISL2 | 2.3129154 | NM_000477 | ALB |
| 3.7859039 | NM_024560 | ACSS3 | 2.204066 | NM_001004759 | OR51T1 |
| 2.0508586 | NM_001039111 | TRIM71 | 2.6188287 | NR_038369 | LINC00487 |
| 2.3061271 | NR_104643 | FLJ32255 | 2.9604757 | NM_002381 | MATN3 |
| 3.4225552 | NR_024121 | LINC00235 | 2.0250128 | NM_139033 | MAPK7 |
| 5.198985 | NM_145286 | STOML3 | 2.2017078 | NM_001291661 | DNAH12 |
| 2.5184706 | NM_001804 | CDX1 | 2.9353876 | NM_001101426 | ISPD |
| 2.9421675 | NM_001135816 | C1QTNF9B-AS1 | 2.0595111 | NM_001146157 | FAM25A |
| 2.556097 | NM_000831 | GRIK3 | 2.5278853 | NM_205856 | SPACA5 |

第二篇 多糖的实验研究

多糖的研究及临床应用

续表

| Fold Change | Genbank Accession | Gene Symbol | Fold Change | Genbank Accession | Gene Symbol |
|---|---|---|---|---|---|
| 3.5353506 | NM_021150 | GRIP1 | 2.4169768 | AK124361 | LOC100131000 |
| 2.0725713 | NM_006103 | WFDC2 | 2.0572661 | NM_004585 | RARRES3 |
| 3.8942346 | NM_173564 | NYAP1 | 2.2551381 | NM_173627 | ENDOV |
| 2.0500347 | NM_207014 | WDR78 | 2.7278955 | NR_024013 | FKSG29 |
| 2.6905783 | NM_020922 | WNK3 | 3.8027374 | NM_001286 | CLCN6 |
| 2.2996001 | NR_120503 | KCNQ5-IT1 | 3.7435811 | NR_027024 | LOC645752 |
| 5.2279498 | XM_005274415 | MS4A4E | 2.3391755 | NM_030946 | OR14J1 |
| 2.0918352 | NM_002373 | MAP1A | 2.0745336 | NM_002417 | MKI67 |
| 3.1760779 | NM_002145 | HOXB2 | 2.0402402 | NM_022060 | ABHD4 |
| 2.0987588 | NM_175613 | CNTN4 | 2.6055595 | NM_003874 | CD84 |
| 4.2072642 | NM_152852 | MS4A6A | 3.0982574 | NM_001144871 | VSTM5 |
| 3.4418576 | NM_145032 | FBXL13 | 3.6199152 | NM_001278497 | ADORA2A |
| 2.9266623 | NM_001275 | CHGA | 4.5207267 | AK127388 | CFAP74 |
| 3.0193875 | NM_001195263 | PDZD7 | 2.4787487 | NR_003087 | ABCC13 |
| 3.6702054 | NM_032808 | LINGO1 | 2.5652274 | NM_001004735 | OR5D14 |
| 2.3907877 | NM_178349 | LCE1B | 2.1017688 | NM_001975 | ENO2 |
| 2.2400338 | BC000807 | ZNF160 | 2.6951245 | NM_004441 | EPHB1 |
| 2.369471 | NM_001681 | ATP2A2 | 2.499431 | NM_002113 | CFHR1 |
| 3.2964831 | NM_014271 | IL1RAPL1 | 2.2689462 | NM_015144 | ZCCHC14 |
| 4.3874802 | AL833160 | lnc-EGR3-1 | 2.6734204 | NM_181756 | ZNF233 |
| 3.4886714 | NM_020703 | AMIGO1 | 2.2647283 | XM_005251093 | CPNE3 |
| 4.1789161 | NM_001100111 | LOC286238 | 3.2727616 | NM_014677 | RIMS2 |
| 2.7954761 | NM_006685 | SMR3B | 2.7814317 | NM_007160 | OR2H2 |
| 6.227329 | NM_198995 | CCDC178 | 2.3600624 | NM_001161546 | PROB1 |
| 2.0849113 | NM_030791 | SGPP1 | 7.7595049 | NM_031497 | PCDHA3 |
| 4.2710249 | NM_006618 | KDM5B | 3.0984479 | NM_014227 | SLC5A4 |
| 2.0079446 | NM_001031806 | ALDH3A2 | 2.0837533 | NM_058172 | ANTXR2 |

| Fold Change | Genbank Accession | Gene Symbol | Fold Change | Genbank Accession | Gene Symbol |
|---|---|---|---|---|---|
| 2.3730406 | NM_001816 | CEACAM8 | 2.1692393 | NM_001004467 | OR10J3 |
| 2.3275714 | NM_001031715 | IQCH | 2.7261631 | NM_001271534 | DSCAM |
| 3.2597784 | NM_005596 | NFIB | 2.0503862 | NM_002416 | CXCL9 |
| 2.9103515 | NM_001007253 | ERV3-1 | 6.9348636 | NM_001010905 | C6orf58 |
| 2.3324853 | NM_017660 | GATAD2A | 2.0236718 | NR_002780 | HIGD2B |
| 2.2693544 | NM_000710 | BDKRB1 | 2.7406494 | NM_016315 | GULP1 |
| 2.1639072 | AK128007 | ZNF385C | 2.9522326 | AK092544 | LOC100131581 |
| 2.5518254 | NR_126062 | CELF2-AS1 | 2.6168768 | NM_001105669 | TTC24 |
| 2.393762 | NM_001001674 | OR4F15 | 2.0111723 | NM_152788 | ANKS1B |
| 2.0738377 | NM_005186 | CAPN1 | 2.3295447 | NM_004931 | CD8B |
| 2.8922976 | BC043205 | lnc-INTS9-1 | 4.3827531 | NM_032714 | INF2 |
| 2.8092274 | AF156973 | NPCDR1 | 5.2332947 | NM_004734 | DCLK1 |
| 3.0178994 | NM_002000 | FCAR | 2.048129 | NM_020400 | LPAR5 |
| 2.2508514 | NM_173358 | SSX7 | 2.4080276 | NM_207304 | MBNL2 |
| 2.1629624 | NM_004454 | ETV5 | 2.0198855 | NM_198951 | TGM2 |
| 2.3566567 | NM_133631 | ROBO1 | 3.6377218 | XM_003846754 | LOC100996890 |
| 2.6187154 | NM_002457 | MUC2 | 2.5086517 | NM_014974 | DIP2C |
| 4.0943999 | NM_024430 | PSTPIP2 | 2.1708734 | NR_033889 | LINC00544 |
| 4.3959879 | XR_241724 | LOC101929056 | 2.027171 | NM_001005204 | OR8U1 |
| 2.0160946 | BC110793 | HIST2H2BF | 2.5047349 | NR_073423 | ADAM3A |
| 2.9563566 | AK127690 | LOC727799 | 2.1112113 | NM_000540 | RYR1 |
| 2.2248274 | NM_020535 | KIR2DL5A | 4.2550742 | NM_020725 | ATXN7L1 |
| 2.5064492 | NM_020911 | PLXNA4 | 2.3952252 | NM_145235 | FANK1 |
| 2.2620754 | NM_004060 | CCNG1 | 3.1370636 | NM_001017373 | SAMD3 |
| 2.3785395 | NM_020646 | ASCL3 | 2.3755293 | NM_017723 | TOR4A |
| 2.0431998 | NM_214711 | PRR27 | 3.5747444 | NM_170692 | RASAL2 |
| 2.8628002 | NM_021871 | FGA | 3.3479972 | NR_038399 | LOC100132735 |

第二篇 多糖的实验研究

多糖的研究及临床应用

续表

| Fold Change | Genbank Accession | Gene Symbol | Fold Change | Genbank Accession | Gene Symbol |
|---|---|---|---|---|---|
| 3.5374587 | NM_001017417 | CT45A1 | 2.8969585 | NM_031451 | TEX101 |
| 2.0760588 | NM_000909 | NPY1R | 2.3859946 | NM_005559 | LAMA1 |
| 2.2821452 | NM_001105519 | C2orf70 | 2.3949878 | NM_001045476 | WDR38 |
| 2.008436 | NM_012268 | PLD3 | 2.2651139 | NM_000032 | ALAS2 |
| 2.3804298 | NM_021920 | SCT | 2.8565435 | NM_020226 | PRDM8 |
| 2.8114169 | AI792523 | SNORA26 | 2.2106401 | NM_006891 | CRYGD |
| 2.2261713 | NM_001830 | CLCN4 | 2.0470336 | NM_032972 | PCDH11Y |
| 4.0174632 | NM_001031836 | KCNU1 | 2.4138145 | NM_181846 | ZSCAN22 |
| 2.0519829 | NM_000204 | CFI | 2.0388576 | NM_017447 | C21orf91 |
| 2.2323187 | NM_033449 | FCHSD1 | 2.8652033 | NM_019060 | CRCT1 |
| 2.8401157 | NM_016546 | C1RL | 3.5691148 | NM_178554 | KY |
| 4.925469 | NM_176882 | TAS2R40 | 3.98923 | NR_026765 | LINC00589 |
| 7.819975 | NM_001034841 | ITPRIPL2 | 2.8116745 | BC036103 | DMD |
| 3.8670698 | NR_040710 | SNAP25-AS1 | 2.1584634 | NM_133498 | SPACA4 |
| 3.1457369 | NM_205854 | SFTA2 | 2.002068 | NR_046113 | FLJ16171 |
| 3.5280018 | NM_000737 | CGB | 2.0065443 | NM_001080433 | CCDC85A |
| 2.404194 | NM_001298 | CNGA3 | 2.506563 | NM_052967 | MAS1L |
| 5.7205196 | NM_020869 | DCDC5 | 3.9387654 | NM_022819 | PLA2G2F |
| 2.1443562 | NM_025081 | NYNRIN | 2.992543 | XR_108997 | LOC51145 |
| 2.1381151 | NM_001015051 | RUNX2 | 2.0385003 | NM_021642 | FCGR2A |
| 2.1782505 | AK127359 | LOC100129069 | 2.1600489 | NM_145047 | OSCP1 |
| 2.6934155 | NM_002029 | FPR1 | 3.3511413 | NM_213600 | PLA2G4F |
| 2.2709981 | NM_001243466 | STARD13 | 2.400565 | NM_001154 | ANXA5 |
| 3.6674564 | NM_000960 | PTGIR | 2.2770886 | NM_020064 | BARHL1 |

## 2. 多糖作用后,DLBCL 细胞下调的基因(见表 1-2)

表 1-2

| Fold Change | Genbank Accession | Gene Symbol | Fold Change | Genbank Accession | Gene Symbol |
|---|---|---|---|---|---|
| 2.7265139 | NM_152565 | ATP6V0D2 | 2.0955495 | NR_027401 | FAM223A |
| 2.0202245 | NR_027086 | LOC284578 | 2.2718138 | | PRICKLE3 |
| 2.4242754 | NR_002948 | KLKP1 | 2.1049903 | NM_080629 | COL11A1 |
| 2.005255 | AK097804 | NOL4L | 2.7485818 | BC012200 | lnc-GCNT2-2 |
| 2.0482271 | NM_005091 | PGLYRP1 | 2.089171 | NM_000494 | COL17A1 |
| 2.1182693 | NM_173628 | DNAH17 | 2.1780774 | NM_003239 | TGFB3 |
| 2.0958145 | NM_130439 | MXI1 | 2.1971167 | NM_023002 | HAPLN4 |
| 2.2292339 | NM_002432 | MNDA | 2.4062211 | NM_001837 | CCR3 |
| 2.0380958 | XR_428457 | LOC102724462 | 4.2934343 | NM_006790 | MYOT |
| 3.0982252 | NR_003287 | RNA28S5 | 2.2450686 | NM_000185 | SERPIND1 |
| 2.0150371 | NM_018055 | NODAL | 2.0331282 | NM_032423 | ZNF528 |
| 2.429378 | NR_029405 | LOC643406 | 2.1746644 | NM_005764 | PDZK1IP1 |
| 5.3240141 | NR_022006 | KIAA0087 | 2.0380958 | XR_428457 | LOC102724462 |
| 2.0060628 | NM_004664 | LIN7A | 3.0982252 | NR_003287 | RNA28S5 |
| 2.0778435 | NM_014732 | KIAA0513 | 2.0150371 | NM_018055 | NODAL |
| 3.9304805 | NM_198159 | MITF | 2.429378 | NR_029405 | LOC643406 |
| 2.212707 | NM_020342 | SLC39A10 | 2.005255 | AK097804 | NOL4L |
| 2.0190942 | NM_199289 | NEK5 | 2.0482271 | NM_005091 | PGLYRP1 |
| 2.8848134 | DA760426 | lnc-TNPO3-1 | 2.1182693 | NM_173628 | DNAH17 |
| 3.6767057 | NM_001010908 | C1QL3 | 2.1705552 | NM_019113 | FGF21 |
| 2.6808002 | XR_430517 | XAGE-4 | 2.0026866 | NM_001031702 | SEMA5B |
| 2.5576749 | XM_006717544 | ARMC4 | 2.4851801 | NM_001109619 | HIGD1C |
| 2.005255 | AK097804 | NOL4L | 2.8965368 | NR_003003 | SCARNA17 |
| 2.0482271 | NM_005091 | PGLYRP1 | 3.3414086 | NR_036467 | IFFO1 |
| 2.1182693 | NM_173628 | DNAH17 | 2.0689262 | NM_001080512 | BICC1 |
| 2.0958145 | NM_130439 | MXI1 | 2.722262 | NM_194286 | SRRM4 |
| 2.2292339 | NM_002432 | MNDA | 3.3393828 | NM_153264 | COL6A5 |
| 2.1784613 | NM_001145143 | HTR3D | 2.2238736 | AJ272081 | |
| 2.7139936 | NM_001039966 | GPER1 | 2.2062887 | NM_001256126 | CERS6 |
| 2.2728559 | NM_015544 | TMEM98 | 4.2739499 | NM_003489 | NRIP1 |

多糖的研究及临床应用

续表

| Fold Change | Genbank Accession | Gene Symbol | Fold Change | Genbank Accession | Gene Symbol |
|---|---|---|---|---|---|
| 2.727093 | NM_001199018 | LRRC49 | 2.0107002 | | XLOC_l2_013630 |
| 3.108505 | NM_006529 | GLRA3 | 2.1004009 | NM_001142343 | CMKLR1 |
| 2.117494 | NR_002174 | CMAHP | 2.2476494 | NM_020973 | GBA3 |
| 2.0258722 | NM_005518 | HMGCS2 | 2.0489208 | NM_145292 | GALNTL5 |
| 2.4631137 | NM_001182 | ALDH7A1 | 2.0590993 | NM_015310 | PSD3 |
| 2.1277246 | NM_000142 | FGFR3 | 2.3631798 | NM_002738 | PRKCB |
| 2.0980088 | NR_040105 | FLJ46066 | 2.1221975 | AY082592 | STARD13 |
| 2.3011069 | NM_144990 | SLFNL1 | 2.3711871 | NM_003670 | BHLHE40 |
| 2.2221344 | NM_031959 | KRTAP3-2 | 2.0626148 | NM_181599 | KRTAP13-1 |
| 2.3297225 | NM_001606 | ABCA2 | 2.0489823 | NM_001135654 | PABPC4 |
| 3.469938 | NM_198722 | AMIGO3 | 2.3026692 | NM_003733 | OASL |
| 2.5582845 | NR_046090 | LOC283214 | 2.6052994 | NM_004475 | FLOT2 |
| 4.7373734 | NM_001037160 | CYS1 | 2.0532799 | NR_027248 | ANKRD26P3 |
| 2.357756 | NM_001008274 | TRIM72 | 2.6891427 | NM_024993 | LRRTM4 |
| 5.0282082 | NR_026858 | ULK4P1 | 2.0538853 | XR_243792 | LOC147004 |
| 3.0544051 | NM_198381 | ELF5 | 51.9251294 | NM_054014 | FKBP1A |
| 2.0220844 | NM_001017922 | ERMAP | 2.0057614 | NM_006621 | AHCYL1 |
| 2.1042691 | NM_033012 | TNFSF11 | 2.4213231 | NM_005235 | ERBB4 |
| 2.0774699 | NM_004789 | LHX2 | 3.2383937 | NM_022136 | SAMSN1 |
| 2.6908213 | NR_003658 | MT1DP | 2.2143872 | NM_005723 | TSPAN5 |
| 3.1608231 | NM_139248 | LIPH | 2.1506823 | NM_018199 | EXD2 |
| 3.9680725 | NM_002104 | GZMK | 2.0246194 | NM_032246 | MEX3B |
| 2.0848723 | NM_001080458 | EVX2 | 2.4709143 | NM_001920 | DCN |
| 3.0307946 | NM_001478 | B4GALNT1 | 2.3069352 | NM_004734 | DCLK1 |
| 2.2233451 | NM_017506 | OR7A5 | 2.0154835 | NM_001286050 | FAM168A |
| 3.4476844 | NM_079420 | MYL1 | 87.7774832 | NM_199451 | ZNF365 |
| 4.4395415 | XR_108728 | LOC401296 | 2.1346297 | NM_005202 | COL8A2 |
| 2.1698752 | NM_003098 | SNTA1 | 2.0787171 | NM_018370 | DRAM1 |
| 2.097885 | NM_016242 | EMCN | 2.1403553 | NM_153714 | C10orf67 |
| 2.1171676 | NM_178828 | SPATA31E1 | 2.0188932 | NM_020762 | SRGAP1 |

| Fold Change | Genbank Accession | Gene Symbol | Fold Change | Genbank Accession | Gene Symbol |
|---|---|---|---|---|---|
| 2.7756818 | AK093508 | PBX1 | 2.4325995 | NM_152649 | MLKL |
| 2.0087729 | NM_016247 | IMPG2 | 2.3023446 | NM_004314 | ART1 |
| 2.005015 | NM_007272 | CTRC | 2.1347165 | AK125684 | LOC100131132 |
| 2.4185494 | NR_003287 | RNA28S5 | 2.7814427 | NM_001017990 | H2AFB1 |
| 2.4876057 | AK026129 | BICC1 | 2.6789794 | NM_004605 | SULT2B1 |
| 2.4225657 | NM_001039380 | C10orf25 | 2.8941079 | NM_001005328 | OR2A7 |
| 2.5509326 | NM_001136504 | SYT2 | 3.1753858 | NR_002713 | NPY6R |
| 2.1714382 | AK123605 | PRDM2 | 2.0000749 | NM_138801 | GALM |
| 2.0646797 | NM_001004702 | OR4C3 | 2.6108971 | AK094630 | PDXK |
| 2.0323651 | NM_001145467 | NCR3 | 2.0252176 | NM_000800 | FGF1 |
| 2.080814 | NR_026595 | FAM226A | 2.2051164 | NM_024827 | HDAC11 |
| 2.0736757 | NM_016377 | AKAP7 | 3.3689567 | NM_001037132 | NRCAM |
| 2.1795689 | NM_005929 | MFI2 | 2.1394475 | NR_003923 | GUCY1B2 |
| 2.0045903 | NM_024940 | DOCK5 | 2.4378193 | NM_017679 | BCAS3 |
| 2.6897862 | NM_006507 | REG1B | 2.1639072 | NM_173481 | MISP |
| 2.5379883 | NM_017420 | SIX4 | 2.0247409 | NM_001005203 | OR8S1 |
| 3.1353604 | NM_001004751 | OR51D1 | 2.2667995 | NM_001278253 | PIP5K1B |
| 2.6267952 | AK128181 | lnc-BCL9L-1 | 2.3984235 | NM_021255 | PELI2 |
| 2.6683328 | NM_001135106 | KCNK16 | 2.4256226 | NM_178424 | SOX30 |
| 2.269315 | XR_432303 | LOC649305 | 3.9942939 | AY203951 | |
| 3.571247 | NM_001004457 | OR1N2 | 3.5718344 | NM_001243812 | CACNA1B |
| 4.1455267 | NM_000280 | PAX6 | 5.2010172 | NM_001159747 | CC2D2B |
| 2.1940418 | XM_006710266 | LOC102723552 | 2.6902093 | XM_003403510 | LOC100652807 |
| 2.0275372 | NM_000150 | FUT6 | 3.69465 | NM_021969 | NR0B2 |
| 2.7473822 | AF207702 | HIPK2 | 4.3457079 | NM_175913 | JPH2 |
| 3.1581553 | NM_018354 | TMEM74B | 3.6141934 | AB023191 | FAM149B1 |
| 2.8348915 | NM_005144 | HR | 2.8235295 | NM_182546 | VSTM2A |
| 2.0485853 | NM_178130 | NME9 | 2.0105844 | XR_242509 | SPATA6L |
| 2.1197096 | BC101193 | lnc-CDS1-2 | 2.4880595 | XM_006726833 | USP41 |
| 2.77624 | NM_004567 | PFKFB4 | 2.347647 | NM_001005405 | KRTAP5-11 |

多
糖
的
研
究
及
临
床
应
用

续表

| Fold Change | Genbank Accession | Gene Symbol | Fold Change | Genbank Accession | Gene Symbol |
|---|---|---|---|---|---|
| 2.0965752 | NM_018397 | CHDH | 2.1261278 | NR_038865 | CACTIN-AS1 |
| 2.849696 | NM_003383 | VLDLR | 2.4036806 | AF119865 | SLCO4C1 |
| 2.1049699 | NM_173178 | IL36B | 2.7559377 | NM_024690 | MUC16 |
| 2.6055629 | BX640643 | ACTR3C | 2.6306877 | NM_001007237 | IGSF3 |
| 3.2654488 | BX640643 | ACTR3C | 3.4823985 | AK125754 | IGFL2 |
| 2.5471777 | NM_001470 | GABBR1 | 2.0774086 | NM_025106 | SPSB1 |
| 2.5526673 | NM_198229 | RGS12 | 2.3127748 | AY393117 | |
| 2.2105505 | NM_001013650 | PRR23B | 2.2601153 | NM_005823 | MSLN |
| 2.6748129 | NM_001102566 | PCP4L1 | 2.3421307 | AY158005 | ZBTB8OS |
| 2.0496486 | NM_020125 | SLAMF8 | 2.4398912 | NM_015157 | PHLDB1 |
| 2.0832987 | NM_033309 | B3GNT9 | 2.0319392 | NM_033409 | SLC52A3 |
| 2.6629184 | NM_001135805 | SYT1 | 2.0653085 | NM_001008529 | MXRA7 |
| 2.0580599 | NM_002048 | GAS1 | 4.377359 | NM_001005185 | OR6N1 |
| 2.2804375 | NM_001162491 | ARL13A | 2.0973252 | NR_027026 | GUSBP1 |
| 2.0048132 | NM_001142864 | PIEZO1 | 2.300697 | NM_001885 | CRYAB |
| 2.5851606 | NM_052968 | APOA5 | 3.454096 | NM_001023587 | ABCC5 |
| 2.9993648 | NM_019841 | TRPV5 | 2.5505918 | NM_001099780 | PSMB11 |
| 3.3835845 | NM_001362 | DIO3 | 2.4577362 | NM_002235 | KCNA6 |
| 2.3022931 | NM_001282301 | LOC729159 | 2.0951992 | NR_038368 | LINC00273 |
| 2.1637206 | NM_147196 | TMIE | 2.5799602 | NM_001080464 | ASPG |
| 3.5046816 | NM_001195195 | TP53AIP1 | 2.9635375 | AK127740 | LOC643936 |
| 2.0820389 | NM_181600 | KRTAP13-4 | 4.9079247 | NM_001042575 | TMPRSS7 |
| 2.2560235 | CU692123 | lnc-AGPS-2 | 2.3775855 | NM_152996 | ST6GALNAC3 |
| 2.9926115 | NM_005621 | S100A12 | 2.7395133 | NM_173799 | TIGIT |
| 2.300945 | AK075229 | STK3 | 2.3008539 | NM_020348 | CNNM1 |
| 3.027093 | AB064667 | OK/SW-CL.58 | 3.872996 | NM_001004465 | OR10H4 |
| 2.5621157 | NM_053279 | FAM167A | 2.235688 | NM_018986 | SH3TC1 |
| 2.3296601 | NM_000835 | GRIN2C | 2.5482576 | NM_003706 | PLA2G4C |
| 2.2257349 | NM_207396 | RNF207 | 2.6540012 | NM_015985 | ANGPT4 |
| 2.4643487 | NM_207308 | NUP210L | 2.5595759 | NM_015284 | SZT2 |

| Fold Change | Genbank Accession | Gene Symbol | Fold Change | Genbank Accession | Gene Symbol |
|---|---|---|---|---|---|
| 3.406326 | NM_001004460 | OR10A2 | 3.1544126 | NM_001256395 | RHBG |
| 3.8042335 | NM_018556 | SIRPG | 2.3301656 | NM_013936 | OR12D2 |
| 3.554152 | NM_001089584 | C5orf49 | 2.2220582 | NM_052831 | SLC18B1 |
| 2.0743834 | NM_138709 | DAB2IP | 2.6017106 | NM_014858 | TMCC2 |
| 2.619003 | NR_026814 | FAM167A-AS1 | 3.2117968 | NM_015594 | TBC1D29 |
| 2.076108 | NM_001052 | SSTR4 | 2.458476 | NM_000704 | ATP4A |
| 2.8345623 | NM_001006630 | CHRM2 | 3.6917017 | XR_242765 | LINC01165 |
| 3.1861165 | NM_006890 | CEACAM7 | 2.4766176 | NM_001286459 | N4BP2L1 |
| 2.1888823 | NM_152511 | DUSP18 | 2.0816057 | NM_004518 | KCNQ2 |
| 2.8862773 | NM_000300 | PLA2G2A | 2.1165704 | NM_001006943 | EPHA8 |
| 2.0085681 | NM_003643 | GCM1 | 2.1491374 | NM_006151 | LPO |
| 2.0814689 | NM_001079512 | TVP23A | 3.9397402 | NM_004070 | CLCNKA |
| 2.2991851 | NM_014359 | OPTC | 2.5145961 | NM_173681 | ATG9B |
| 2.4365831 | NM_000928 | PLA2G1B | 3.3581948 | NM_024496 | IRF2BPL |
| 2.3333813 | NM_001678 | ATP1B2 | 2.2855107 | NM_001037335 | HELZ2 |
| 2.3093301 | NM_001010855 | PIK3R6 | 2.0959746 | XM_006709947 | MUC5AC |
| 2.1064132 | NM_003853 | IL18RAP | 2.0337233 | NM_023948 | MOSPD3 |
| 2.4905899 | NM_005461 | MAFB | 2.7645687 | AB209007 | RBM14 |
| 2.2572041 | NM_000094 | COL7A1 | 2.0038748 | BC027709 | PTPLA |
| 2.2692715 | NM_198687 | KRTAP10-4 | 2.6343645 | NM_001045556 | SLA |
| 2.7467136 | NM_198989 | DLEU7 | 2.9928447 | NM_001005326 | OR4F6 |
| 2.4685536 | BQ184771 | VWA5B2 | 3.0514943 | NM_001004482 | OR13C5 |
| 2.8137345 | AL079276 | OVOL2 | 2.1167509 | NM_001166247 | GRIK2 |
| 2.8303377 | NM_001287746 | HMGCLL1 | 2.5701454 | AB363371 | |
| 2.4908629 | NM_173625 | C17orf78 | 2.0424512 | NM_021599 | ADAMTS2 |
| 2.8791998 | NM_178128 | FADS6 | 2.0433403 | AK128820 | LOC100034248 |
| 3.7207308 | AK130915 | LOC648570 | 2.1057546 | NM_003389 | CORO2A |
| 2.2462372 | NM_002476 | MYL4 | 2.0256469 | NM_001080504 | RBM44 |
| 3.9460543 | NM_173560 | RFX6 | 2.1431721 | NM_022748 | TNS3 |
| 2.2813182 | BC021857 | | 3.9594062 | NM_001719 | BMP7 |

多糖的研究及临床应用

续表

| Fold Change | Genbank Accession | Gene Symbol | Fold Change | Genbank Accession | Gene Symbol |
|---|---|---|---|---|---|
| 2.0314277 | NM_152732 | RSPH9 | 2.5144729 | AK094390 | NALCN |
| 2.4167967 | NM_001206609 | SELPLG | 2.0431049 | AJ890452 | COL28A1 |
| 2.7278938 | NR_002223 | TPRXL | 2.7573162 | NR_029390 | LOC284412 |
| 2.1816221 | NM_052955 | TGM7 | 2.6499079 | D13071 | |
| 2.564042 | AK130248 | LOC100129233 | 3.9240605 | NM_001282417 | SLC5A10 |
| 2.2160206 | NR_034002 | MCF2L-AS1 | 2.0987014 | AK027624 | ABCB9 |
| 2.9383874 | NM_006941 | SOX10 | 2.2763532 | NM_018413 | CHST11 |
| 2.2763557 | NM_001039111 | TRIM71 | 2.5741136 | NM_001733 | C1R |
| 3.013207 | | XLOC_l2_006267 | 2.4049683 | NM_000316 | PTH1R |
| 4.0189633 | NM_023943 | TMEM108 | 2.4009765 | NM_024645 | ZMAT4 |
| 2.0195964 | NM_001278458 | COBLL1 | 2.7593187 | NM_052841 | TSSK3 |
| 2.0685746 | NM_001291832 | FAM132B | 2.6432588 | NM_001256717 | SNAP91 |
| 2.3028576 | NM_001804 | CDX1 | 2.0278924 | NM_021996 | GBGT1 |
| 3.5650043 | NM_030916 | PVRL4 | 2.8800403 | NM_006618 | KDM5B |
| 2.019964 | NM_019027 | RBM47 | 3.4134791 | NM_052843 | OBSCN |
| 2.7795983 | NM_006103 | WFDC2 | 2.1347682 | NM_001031715 | IQCH |
| 2.450927 | NR_024541 | LY6G6E | 2.327175 | AK096102 | LOC100130193 |
| 2.1245625 | NM_001098722 | GNG4 | 2.6172646 | NM_024693 | ECHDC3 |
| 3.4362683 | NM_016382 | CD244 | 3.1247024 | AK130228 | lnc-AC112512.1-1 |
| 3.0170274 | NM_181885 | RXFP4 | 2.3319038 | NM_006988 | ADAMTS1 |
| 2.5039758 | NM_001039152 | RGS21 | 4.1486714 | AF130057 | |
| 2.1218628 | NM_002999 | SDC4 | 2.1624332 | NM_138454 | NXNL1 |
| 2.0648656 | NM_001002254 | AWAT2 | 2.4351899 | AK128007 | ZNF385C |
| 2.4064337 | NM_001037341 | PDE4B | 2.291782 | NM_002521 | NPPB |
| 2.204758 | NM_001145460 | HOPX | 2.1134459 | NM_182833 | GDPD4 |
| 3.1641597 | NM_153646 | SLC24A4 | 2.1279983 | NM_022150 | NPVF |
| 2.0825845 | NM_001164310 | FAM166B | 2.4378648 | NM_014694 | ADAMTSL2 |
| 2.1710805 | AK294708 | ERCC5 | 3.5734123 | | lnc-KLHDC5-1 |
| 3.3284062 | NM_003896 | ST3GAL5 | 2.8269299 | AK097743 | LOC100131195 |
| 2.162215 | NM_001077416 | TMEM231 | 3.714518 | NM_006950 | SYN1 |

| Fold Change | Genbank Accession | Gene Symbol | Fold Change | Genbank Accession | Gene Symbol |
|---|---|---|---|---|---|
| 2.141627 | NM_014271 | IL1RAPL1 | 2.0718456 | NM_006580 | CLDN16 |
| 2.0280546 | AK124171 | AK9 | 3.0008128 | NM_022161 | BIRC7 |
| 3.3463439 | NM_000529 | MC2R | 2.1966442 | NR_110539 | LOC388882 |
| 4.2933438 | NM_016108 | AIG1 | 2.4584198 | AK127690 | LOC727799 |
| 3.296686 | NR_024049 | BCAR4 | 2.3326496 | NM_020535 | KIR2DL5A |
| 2.1672071 | NM_002929 | GRK1 | 2.5040098 | AK123491 | |
| 2.6599743 | AL833160 | lnc-EGR3-1 | 2.4737183 | NM_001024215 | FBLIM1 |
| 2.4957159 | NM_003068 | SNAI2 | 2.2056753 | NM_054111 | IP6K3 |
| 2.2067069 | NM_033188 | KRTAP4-5 | 2.0901224 | AF452715 | |
| 2.1540849 | NM_001001960 | OR5W2 | 3.034725 | NM_214711 | PRR27 |
| 3.680198 | NR_001549 | TTTY19 | 2.3577182 | NM_024114 | TRIM48 |
| 4.9448735 | AK125109 | ABCD4 | 2.6564864 | AK131079 | FGD2 |
| 2.1445238 | NM_032756 | HPDL | 2.4317603 | NR_027318 | LINC00906 |
| 2.1370866 | | WNT4 | 2.0234694 | BC008292 | DGKA |
| 3.8121514 | NM_020433 | JPH2 | 2.4753187 | AK289895 | ADARB2 |
| 2.2269693 | NM_006891 | CRYGD | 2.1697718 | AI792523 | SNORA26 |
| 4.0252629 | NR_073430 | ANKRD20A19P | 2.0231868 | AK056621 | NHLH2 |
| 2.4193765 | NM_181846 | ZSCAN22 | 3.2823384 | NM_033449 | FCHSD1 |
| 2.6521944 | AK130702 | LOC100131910 | 2.1616158 | NR_021485 | EGFEM1P |
| 3.4527017 | NM_014080 | DUOX2 | 2.0384363 | NM_012391 | SPDEF |
| 2.2352548 | NM_019060 | CRCT1 | 2.938312 | NM_176882 | TAS2R40 |
| 2.7657585 | NM_052967 | MAS1L | 3.1900566 | NM_001034841 | ITPRIPL2 |
| 2.3951379 | NM_153717 | EVC | 2.0803962 | NM_012193 | FZD4 |
| 2.3388901 | NM_198994 | TGM6 | 2.990632 | NM_031964 | KRTAP17-1 |
| 2.0777078 | NM_001012416 | KRTAP5-6 | 6.9852101 | NM_012373 | OR3A3 |
| 2.0524889 | XM_005260411 | FAM209B | 2.218017 | NM_000955 | PTGER1 |
| 3.9525143 | NM_001122962 | SIRPB2 | 3.4237928 | NM_006725 | CD6 |
| 2.054164 | NM_000702 | ATP1A2 | 2.0303222 | NM_033060 | KRTAP4-1 |
| 2.3283541 | NM_000771 | CYP2C9 | 2.6838455 | NM_080388 | S100A16 |
| 2.1396985 | AF085243 | ZNF236 | 2.2095752 | NM_000766 | CYP2A13 |

多糖的研究及临床应用

续表

| Fold Change | Genbank Accession | Gene Symbol | Fold Change | Genbank Accession | Gene Symbol |
|---|---|---|---|---|---|
| 2.7363353 | NM_213600 | PLA2G4F | 2.6078357 | NM_152864 | NKAIN4 |
| 2.4418798 | NM_020064 | BARHL1 | 2.3604045 | NM_033200 | LMF2 |
| 2.069656 | NM_002000 | FCAR | 2.3114018 | NM_001256743 | GRIA3 |
| 2.5001471 | NM_025045 | BAIAP2L2 | 2.1234811 | AK129545 | LOC100128563 |
| 2.4182326 | NM_152556 | C7orf60 | 3.3106374 | AK125436 | LOC102725249 |
| 2.3187023 | NM_000139 | MS4A2 | 2.0233837 | NM_033126 | PSKH2 |
| 2.5781375 | AB072904 | | 2.3577788 | NM_182546 | VSTM2A |
| 2.4752218 | NM_152403 | EGFLAM | 2.284807 | NM_181790 | GPR142 |
| 2.4112183 | NM_001362 | DIO3 | 2.975897 | NM_144727 | CRYGN |
| 5.7655574 | NM_182589 | HTR3E | 2.0551379 | NM_001290094 | TMPRSS4 |
| 4.8507835 | NM_004669 | CLIC3 | 2.9028489 | AK096324 | |
| 2.1208869 | NM_020645 | NRIP3 | 2.139763 | NM_052891 | PGLYRP3 |
| 2.444792 | NM_023920 | TAS2R13 | 2.3790625 | NM_001462 | FPR2 |
| 3.3472641 | XM_005273884 | CHRDL2 | 2.6898408 | NM_001258397 | CCDC103 |
| 2.1515878 | AK122588 | HDAC7 | 2.341847 | NM_005912 | MC4R |
| 2.5230196 | NM_007180 | TREH | 3.3505441 | NM_001005567 | OR51B5 |
| 2.5728529 | NM_032839 | DIRC2 | 3.6929645 | NM_207510 | LCNL1 |
| 2.6109119 | NM_174920 | SAMD14 | 2.0230901 | NM_001012276 | PRAMEF8 |
| 2.0785878 | NM_033553 | GUCA2A | 2.0030658 | NM_005546 | ITK |
| 2.4869814 | NM_001077711 | KRTAP27-1 | 2.3685237 | NM_001277335 | RASA4B |
| 2.435224 | NM_001001872 | C14orf37 | 3.1333973 | NM_024522 | NKAIN1 |
| 2.169085 | NM_001001412 | CALHM1 | 2.2022786 | NM_001161546 | PROB1 |
| 3.1555021 | NM_004385 | VCAN | 4.3585468 | NM_001004754 | OR51I2 |
| 2.0336551 | NM_018953 | HOXC5 | 2.2103774 | XM_005276096 | |
| 2.6898669 | NM_005479 | FRAT1 | 2.0475808 | NM_000460 | THPO |
| 2.0307195 | NM_153277 | SLC22A6 | 2.0271402 | NR_024593 | POM121L10P |
| 2.0349092 | NM_080859 | OR1K1 | 2.3140875 | NM_001282558 | HHLA2 |
| 2.2181921 | NM_152435 | AMDHD1 | 2.6150817 | NM_182614 | TMEM255B |
| 2.1952505 | NM_001007122 | FSD2 | 3.3548715 | XM_005253478 | SLCO1A2 |
| 2.2365373 | NM_006551 | SCGB1D2 | 2.6561117 | NM_001105669 | TTC24 |

| Fold Change | Genbank Accession | Gene Symbol | Fold Change | Genbank Accession | Gene Symbol |
|---|---|---|---|---|---|
| 3.4841685 | NR_036555 | LINC01559 | 2.3782884 | NM_032611 | PTP4A3 |
| 2.1437743 | NM_152897 | SNX21 | 2.3667582 | M13930 | MYC |
| 3.0482489 | NM_012261 | LAMP5 | 2.1554409 | NM_199180 | KIRREL2 |
| 2.0956473 | NR_034107 | LOC257396 | 2.3021499 | NM_153211 | TTC39C |
| 2.0311723 | AK309421 | ZNF692 | 2.4004998 | NM_207304 | MBNL2 |
| 2.350423 | NM_213608 | C2orf66 | 2.0097887 | NM_014974 | DIP2C |
| 3.4511304 | NM_001732 | BTN1A1 | 2.3041234 | NM_178012 | TUBB2B |
| 3.7928686 | NM_001005353 | AK4 | 2.4880683 | NR_033889 | LINC00544 |
| 2.0428454 | NM_024097 | C1orf50 | 3.3063875 | NM_001005204 | OR8U1 |
| 2.2089331 | NM_130468 | CHST14 | 2.4296542 | NR_026865 | C7orf13 |
| 2.8788406 | NM_001199206 | IZUMO1R | 2.7113672 | NM_001005186 | OR6Q1 |
| 2.583062 | NM_153486 | LDHD | 2.6098122 | EU030678 | |
| 2.0140903 | NM_001004462 | OR10G4 | 2.5784477 | NM_001004342 | TRIM67 |
| 2.5825987 | BC033233 | SRCIN1 | 2.4861081 | AK125272 | LOC100128276 |
| 2.1215564 | NM_080823 | SRMS | 2.6537964 | NM_001001953 | OR10G9 |
| 2.0923836 | NR_026551 | CA5BP1 | 2.4120343 | NM_005165 | ALDOC |
| 4.0100399 | NM_003489 | NRIP1 | 2.2971647 | NM_022769 | CRTC3 |
| 2.5701978 | NM_001099294 | KIAA1644 | 2.7792028 | NM_014694 | ADAMTSL2 |
| 2.330919 | AB053316 | ICA1L | 2.6678493 | AK093006 | |
| 2.4985395 | NM_003152 | STAT5A | 2.8826229 | AK124561 | LOC100133145 |
| 2.7695644 | NM_152598 | MARCH10 | 2.1630383 | NM_014241 | PTPLA |
| 6.4010474 | NM_000053 | ATP7B | 2.312874 | NM_001532 | SLC29A2 |
| 2.2856004 | NM_018424 | EPB41L4B | 2.3328839 | NM_001145 | ANG |
| 4.6763636 | NR_021485 | EGFEM1P | 2.9784161 | NM_012285 | KCNH4 |

## 二、多糖可上调 DLBCL 细胞人食管癌相关基因的表达而具有抗淋巴瘤的作用

1. ECRG4 基因在 DLBCL 中表达下调

本研究团队通过 western blot 检测 ECRG4 在多种淋巴瘤细胞中的表达变化,检测结果发现 ECRG4 在随机选取的 10 种淋巴瘤细胞株(Pfeifer、

LY19、LY10、LY7、LY3、LY1、WSUDLCL2、DHL4、DHL10、LY8)中表达水平不一,但均低于外周血中的 B 淋巴细胞及肝细胞(7702)等的表达水平。

2. 多糖作用后 DLBCL 细胞中 ECRG4 表达水平上调

WSU DLCL2 和 SU-DHL-4 淋巴瘤细胞经 2.5 μg/ml 青蒿多糖共孵育 72 h 后,提取细胞的总 RNA 和蛋白,进行了 RT-PCR 和 WB 检测,结果证实 ECRG4 的表达水平上调。

3. 青蒿多糖作用后,hoechst 33342 染色检测 DLBCL 细胞核型的变化

本团队采用 hoechst 33342 染色法判断待检细胞的凋亡情况。实验中,将 2.5 μg/mL 青蒿多糖作用于淋巴瘤细胞 WSU DLCL2 和 SU-DHL-4 72 h 后,PBS 洗三次,hoechest 33342 染色,荧光倒置显微镜下观察,结果显示,在青蒿多糖作用后,淋巴瘤细胞 WSU DLCL2 和 SU-DHL-4 中的细胞核的亮度明显增加,且细胞核发生浓缩、碎裂的细胞所占百分明显增加,因此,青蒿多糖可以促进 WSU DLCL2 和 SU-DHL-4 淋巴瘤细胞的凋亡。

4. 青蒿多糖作用后,DLBCL 细胞增殖活性下降

将 2.5 μg/mL 青蒿多糖作用于淋巴瘤细胞 WSU DLCL2 和 SU-DHL-4,分别在作用的 0 d、1 d、2 d、3 d 时,使用 MTT 对细胞增殖能力进行检测。结果如下表所示,青蒿多糖作用后,WSU DLCL2 和 SU-DHL-4 细胞组的增殖能力较对应的未经病毒感染的细胞组明显下降,且差异具有统计学意义($p <$ 0.05)。因此,青蒿多糖可抑制淋巴瘤细胞 WSU DLCL2 和 SU-DHL-4 的增殖。见表 1-3。

表 1-3 青蒿多糖作用后淋巴瘤细胞 WSU DLCL2 和 SU-DHL-4 增殖活性的变化

| OD value Cell lines | 0h | 24h | 48h | 72h |
|---|---|---|---|---|
| WSU DLCL2 | 0.0769±0.0026 | 0.1825±0.0094 | 0.4901±0.0037 | 1.0310±0.0240 |
| WSU DLCL2 ECRG4 | 0.0758±0.0032 | 0.0916±0.0042* | 0.1913±0.0041* | 0.4051±0.0185* |
| SU-DHL-4 | 0.0755±0.0041 | 0.1677±0.0112 | 0.4841±0.0042 | 1.0942±0.0443 |
| SU-DHL-4 ECRG4 | 0.0736±0.0037 | 0.0328±0.0051* | 0.1729±0.0045* | 0.4335±0.0418* |

*: $p < 0.05$, compared with lymphoma cells WSU DLCL2 and SU-DHL-4 respectively, $n = 3$

5. 流式细胞术检测青蒿多糖作用后 DLBCL 细胞周期变化

将 2.5 μg/mL 青蒿多糖作用于淋巴瘤细胞 WSU DLCL2 和 SU-DHL-4 48 h。流式细胞仪检测发现两株细胞经青蒿多糖作用后,处于 S 期的细胞比

例均较未处理组增高,而处于 G0/G1、G2/M 期的细胞比例却较对照组降低。因此,青蒿多糖作用后可以将 WSU DLCL2 和 SU-DHL-4 细胞的周期阻滞在 S 期,从而抑制淋巴瘤细胞的增殖,结果如表 1-4:

表 1-4    细胞周期流式检测结果

| Cell lines | Cell cycle(%) | G0/G1(%) | S(%) | G2/M(%) |
|---|---|---|---|---|
| WSU DLCL2 | 38.27±0.6 | 40.89±2.1* | 20.15±2.2 | |
| WSU DLCL2 ECRG4 | 39.5±0.9 | 53.60±3.2 | 7.78±4.1 | |
| SU-DHL-4 | 37.19±3.1 | 39.78±3.9* | 22.44±3.4 | |
| SU-DHL-4 ECRG4 | 36.97±3.4 | 54.84±2.6 | 8.10±2.2 | |

*: $p < 0.05$, compared with lymphoma cells WSU DLCL2 and SU-DHL-4 respectively, $n = 3$。

6.青蒿多糖对淋巴瘤细胞凋亡的影响

为了探索淋巴瘤细胞经青蒿多糖作用后,对淋巴瘤细胞凋亡的影响,本团队将 2.5 μg/mL 青蒿多糖分别作用于淋巴瘤细胞 WSU DLCL2 和 SU-DHL-4 48 h,Annexin V/7-ADD 染料双染后使用流式细胞仪对其进行检测。检测结果如表 1-5 所示,在淋巴瘤 WSU DLCL2 和 SU-DHL-4 细胞经青蒿多糖作用后,处于凋亡阶段的细胞明显增加,其差异有统计学意义($p < 0.05$)。因此,青蒿多糖可以促进淋巴瘤细胞的凋亡。

表 1-5    青蒿多糖作用后流式细胞仪检测结果

| 细胞 | Normal cells(%) | Apoptosis cells(%) | Necrotic cells(%) |
|---|---|---|---|
| DLCL2-ECRG4 | 79.43±1.19 | 18.04±0.33* | 0.91±0.02 |
| DLCL2 | 98.02±0.24 | 0.72±0.1 | 0.05±0.1 |
| SU-DHL-4-ECRG4 | 78.16±0.92 | 20.03±0.22* | 0.78±0.20 |
| SU-DHL-4 | 99.68±0.34 | 0.15±0.01 | 0.03±0.31 |

*: $p < 0.05$, compared with lymphoma cells WSU DLCL2 and SU-DHL-4 respectively, $n = 3$。

## 三、ECRG4 相关研究

ECRG4 最初是 Su 等通过 mRNA 差异显示技术从正常食管组织分离出的一差异表达序列。Northern blot 实验证明 ECRG4 在多种组织(包括脑、甲状腺、心、胎盘、肺、卵巢、乳腺等)中都有表达;但在不同的癌组织中 ECRG4 的表达会发生不同的变化,如在食管癌、肝癌、头颈部鳞状细胞癌、胶质瘤及胃癌中 ECRG4 的表达水平较正常组织中表达明显下调,而在一些肿瘤细胞中 ECRG4 的表达水平却较正常组织中明显上调,如乳头状甲状腺癌;并且通过转基因的方法上调或下调 ECRG4 在肿瘤细胞中的表达后,肿瘤细胞的增殖水平和凋亡率也会发生变化。由此推测该基因在肿瘤的发生发展中发挥着重要作用。通过研究 ECRG4 在肿瘤中的表达变化及相关肿瘤的发病机制,确定 ECRG4 与肿瘤发生发展的关系,对肿瘤发生的早期诊断、治疗、预后及靶向药物的开发具有重要意义。

### 1. ECRG4 结构与特点

ECRG4 基因又称 C2 或 f40,是首先从人类食管上皮细胞内克隆分离出来具有潜在抑癌基因作用的基因,因为它在食管鳞癌中的作用而首次被人们发现。生物信息学分析得知 ECRG4 位于人染色体 2q14.1-14.3,全长约 12 500 bp,含有 4 个外显子;其开放阅读框约长 444 bp,可以编码一由 148 种氨基酸组成的相对分子质量为 17.18 kD 的蛋白质,其中包含由第 1 位氨基酸至第 31 位氨基酸组成的信号肽序列,由第 10 至 32 位氨基酸构成 ECRG4 蛋白的跨膜区,由第 64 至 91 位、第 111 至 140 位、第 54 至 104 位氨基酸组成的肽段分别与细胞分裂周期调控蛋白(CDC45)、电压依赖性通道(VDAC)蛋白、后期促进因子(APC10)具有同源性;同时通过基因重组的方式将 ECRG4 基因与 GFP 基因构建在同一表达载体上,然后通过基因转染的方式将表达载体转入细胞内进而形成 ECRG4-GFP 融合蛋白;在共聚焦显微镜下可以观察到 ECRG4 主要分布于高尔基体、内质网、线粒体、细胞膜中,并由此推测 ECRG4 蛋白是一种外分泌型的跨膜蛋白,且我们团队研究证实 ECRG4 在多种正常组织中都有较高的转录及表达水平,但当 ECRG4 受到细胞膜表面蛋白酶作用时如 PMA 其也可从细胞表面脱落;从细胞表面脱落下来的 ECRG4 蛋白相对分子质量大约为 14 kD;同时实验也证明,可以在培养基中可检测到大小为 6~8 kD 的 ECRG4 蛋白,但在细胞膜上却没有此种相对分子质量大小的 ECRG4 存在,说明 ECRG4 可以像神经肽前体一样,在不同组织有不同的加工处理,且不同分子大小的 ECRG4 在细胞内发挥着不同的作用,如位于脉络上皮细胞的表面的 ECRG4 相对分子质量为 14 kD,具有神经内分泌前体样的特征,其还可进一步产生相对分子质量为 8 kD 的 C 端肽;ECRG4133~148 加工肽可以通过募集并活化免疫细胞而参与抗肿瘤活性。

## 2. ECRG4 的功能

### (1) ECRG4 参与炎症发生发展

当机体受到损伤时,机体一方面会启动一系列的免疫应答程序以防机体被感染;另一方面机体会分泌一些细胞生长因子及促进炎症反应因子,而这些因子可以吸引并促进炎性细胞涌入伤口内部,并刺激细胞的增生,以促进伤口的愈合。Kurabi 等以对炎症因子高度敏感的黏膜上皮细胞为研究对象,与其他组织一样,ECRG4 在正常黏膜上皮细胞中有较高的表达。但当受到感染和炎症时,黏膜上皮细胞内的 ECRG4 表达较正常组织中明显下调,而 ECRG4 表达在组织中的表达恢复正常时,黏膜上皮也会随后恢复到正常的状态,但是具体相关机制目前尚未研究清楚。并且有研究证明 ECRG4 可以提高黏膜上皮对炎症的敏感性进而保护黏膜上皮的完整性。并且嗜中性粒细胞表面的 ECRG4 不仅可以直接与细胞表面上的先天免疫受体发生相互作用而且其还可以经加工处理产生含有 16 个氨基酸组成的促炎性肽(ECRG4 133～148 肽)并进一步特异性地使 TLR4 先天免疫受体复合物进入细胞而促进单核、巨噬细胞的活化。因此,ECRG4 在促进炎症发生和抗炎活性中皆可发挥重要作用。

### (2)ECRG4 参与组织损伤、修复

Shaterian 等发现,在受损皮肤内 ECRG4 较正常皮肤有较高的表达,因此其推测引起此种变化的原因一方面可能为 ECRG4 表达较高的白细胞在受损皮肤处的聚集引起,另一方面可能与 ECRG4 参与调节伤口愈合过程中发生的上皮细胞间质转化有关;同时 Shaterian 等通过建立创伤愈合模型,发现 ECRG4 在正常组织中分布比较分散,而在创伤模型中 ECRG4 的分布比较集中,其主要分布在创伤边缘,且在创伤形成的第 5～10 d,该基因开始大量表达,并能显著的抑制成纤维细胞的迁移,同时会延迟创面的闭合时间,使得创面愈合延迟 1～2 d,以防纤维组织在创伤处过度增生而导致瘢痕形成。除此之外,也有研究发现当 CNS 受到损伤后的 24～72 h 内位于神经脉络丛上皮细胞(CPe 细胞)上的由 ECRG4 全蛋白经水解加工后产生的 Augurin 快速下降,以通过促进相关细胞增殖来触发并维持 CNS 对损伤的应答,并且能够在损伤后的第 7 天恢复至 CNS 无损伤水平。因此,ECRG4 在组织损伤及修复过程中发挥着重要的作用。

### (3)ECRG4 参与肿瘤发生发展

Sabatier 等学者证实,在 ECRG4 蛋白 N 端存在信号肽序列,并且其对细

胞生长起着负调控作用。而 Huh 等发现 ECRG4 在软骨组织中的表达量高于其他组织,且其通过活体对应实验发现 ECRG4 在分化初期为高浓度而在其他阶段均为低浓度且人为改变 ECRG4 的在软骨细胞中表达并不能调控软骨细胞的发育过程,说明 ECRG4 可能是细胞信号传递过程中的中间分子,并由此推测 ECRG4 蛋白很有可能为一种信号传递过程中的调节蛋白或中间分子。因此了解 ECRG4 在肿瘤中表达的变化对了解相关肿瘤的发生机制及治疗有着重要的意义。

① ECRG4 参与细胞增殖调控

在正常的细胞生命过程中,很多的致癌基因与抑癌基因可直接参与调节细胞周期,因此推测细胞周期的变化与肿瘤的发生发展密切相关,即一旦细胞周期调节失衡就有可能导致肿瘤的发生。近年来越来越多的研究表明,ECRG4 可以抑制肿瘤细胞的增殖、促进肿瘤细胞的凋亡,由此推测其可能在肿瘤的发生发展中充当抑癌基因角色。在食管癌细胞中 ECRG4 基因的表达较正常组织低,而经基因转染食管癌细胞,ECRG4 蛋白表达上调后,经流式细胞仪检测,食管癌细胞增殖受到抑制,且凋亡率也较未转染组增加。此现象也发生在前列腺癌、胶质瘤、胃癌及肝癌。由此可推断其可以抑制肿瘤细胞的增殖。

p21 是一种重要的细胞周期蛋白依靠性激酶抑制剂其可以阻止细胞分裂,使细胞停滞在细胞分裂周期的 G1 阶段而在一些癌细胞中 ECRG4 基因表达受阻的同时,p21、p53 表达也较正常组织低;但当 ECRG4 基因在癌细胞中过表达时,p21、p53 的表达也相应地增多,由此推测 ECRG4 可以上调 p21、p53 基因的表达,如 Li 等通过 RT-PCR、western blot 等技术证实在上调 ECRG4 基因在食管癌细胞内的表达后,细胞内的 p53 与 p21 蛋白的表达也明显上调,而 p21 为 p53 重要的下游作用蛋白。因此,ECRG4 可通过激活 p53 细胞信号通路而上调肿瘤细胞内 p21 的表达,上调后的 p21 可将细胞分裂周期阻滞在 G1 阶段并最终抑制细胞的增殖;在 ESCC 细胞中 ECRG4 可与 ECRG1 发生协同作用,以上调细胞内 p21 的表达而诱导细胞周期 G1 期阻滞;在乳腺癌中,ECRG4 可通过调节 UBE2C 基因的表达进而影响细胞分裂期纺锤体的组装、胞质分裂,UBE2C 可以通过活化 CDC20 而使细胞内的分裂酶抑制剂(securin 蛋白)发生降解使得分裂酶被激活,进而引起姐妹染色单体分离,而使细胞进入有丝分裂后期,因此,ECRG4 可以通过下调 UBE2C 的表达使细胞周期被阻滞在 G2/M 期;也有研究证明 ECRG4 基因在乳头状甲状腺癌和 T 细胞白血病中高表达并且其的表达可以促进肿瘤细胞从 G1 期到

G2 期的过渡进而促进肿瘤细胞的增殖。王文玉等通过转基因的方式上调人肺癌细胞 A549 细胞内的 Beclin1 基因的表达,结果发现 A549 细胞的自噬活性、增殖活性较空白对照组明显增强,同时,细胞内的 ECRG4 蛋白表达也明显上调。因此,ECRG4 可能受控于 Beclin1 基因的表达而进一步调节肿瘤细胞的增殖及自噬活性。因此,ECRG4 可以通过调节周期相关蛋白的表达而阻滞细胞周期的进展或增强细胞的自噬性而抑制细胞的增殖。

② ECRG4 参与细胞凋亡调节

ECRG4 上调 p53 表达后,可以引发 p53 信号通路的激活而促进细胞的凋亡。p53 信号通路在细胞凋亡过程中发挥着重要作用,p53 可以间接或直接的促进 BAX/Bak 的活化,以促进线粒体 CytC 的释放,CytC 可通过与胞质蛋白凋亡前体活化因子 Apaf-1 结合,引发 Apaf-1 的构象的改变,进一步的引起 Caspase 9 的聚集活化及 Caspase 3 的活化而最终引起细胞的凋亡。因此,ECRG4 可能通过 p53 途径调控肿瘤细胞的凋亡;活化的 BAX 也可直接引起 Caspase 3 的激活,Caspase 3 不仅可以促进 DNA 修复酶 PARP 的裂解,影响损伤后的 DNA 修复而直接引起细胞的凋亡,而且也可以通过剪切 PARP 使其失去聚 ADP 核糖化活性,减少其发生聚 ADP 核糖化反应时所消耗的 ATP 和 $NAD^+$ 以为细胞凋亡过程的发生提供最基本的能量需求,而最终引起细胞的凋亡;其次,当细胞受到凋亡信号刺激时,可以启动线粒体细胞凋亡途径,此时 BAX 从细胞质转移到线粒体膜上进而引起线粒体膜通透性的增加,结果导致细胞色素 C 的释放,从而引起 Caspase 3 的激活最终导致细胞的凋亡;另外,BCL-2 家族中的 BCL2 蛋白通常被认为是一种重要的抗凋亡蛋白,其在癌中的过表达可以抑制肿瘤细胞的凋亡。在食管癌、胃癌研究中,通过 western blot 结果显示转染 ECRG4 基因的癌细胞较未转染 ECRG4 基因的癌细胞其 Bax 表达明显升高而 BCL-2 却降低;在喉癌研究中,ECRG4 的高表达也可使 Cleaved-PARP、Cleaved-caspase 3 含量明显升高。因此,ECRG4 可以通过调节 Bax,Bcl-2 和 Caspase 3 的表达来调控细胞的凋亡。但在人 T 淋巴细胞中,ECRG4 的高表达不仅可以通过抑制线粒体膜的通透性和去极化抑制 Fas 介导的细胞凋亡;而且 ECRG4 也可以通过与 Caspase 8 蛋白前体结合,阻碍 Caspase 8 蛋白活性形式的生成,进一步抑制 Bid 分解成其活性形式从而抑制细胞色素 C 的释放最终抑制细胞的凋亡。

③ ECRG4 与癌细胞的转移和侵袭

在多种恶性肿瘤中,核转录因子-κB(nuclear factor κB,NF-κB)通路的持续激活可以促进肿瘤的发生与发展。通常情况下,绝大部分的 NF-κB 二聚体通过和特异的抑制分子,即 NF-κB 抑制蛋白(inhibitor-κB binding protein,IκB)结合,而被局限在细胞质中,表现为失活状态,但在恶性肿瘤中 IκB 被磷酸化并暴露出与泛素连接酶复合物的结合位点,导致 IκB 蛋白的泛素化和迅速降解,随后释放 NF-κB 入核并启动靶基因的转录表达,最终导致环氧合酶 2(COX-2)的表达增多,而 COX-2 是前列腺素(PG)合成起始步骤的关键酶,其可以通过促进前列腺素的合成进而引起基质金属酶 1 和 2(MMP-1,MMP-2)的合成、释放增加,后者可以分解细胞基质蛋白及血管基底膜胶原纤维而导致基质屏障受损从而最终引起肿瘤细胞的侵袭性增强。Li 等已经证实 ECRG4 的过表达可以抑制 NF-κB 的表达,而减少 COX-2 的表达,并最终阻止癌细胞的转移和侵袭。另外,COX-2 的高表达也可抑制细胞黏附因子上皮钙粘素(E-cadherin)的合成,后者可以抑制肿瘤细胞的转移和侵袭;Xu 等研究表明,在人头颈部鳞状细胞癌中过表达的 ECRG4 可以促进上皮钙粘素的合成进而抑制肿瘤细胞的转移和侵袭。

④ ECRG4 在肿瘤中表达的变化

研究已证明,在食管癌、胃癌、结肠癌、喉癌、乳腺癌、前列腺癌及胶质癌中 ECRG4 基因的表达都较正常组织表达降低(但在乳头状甲状腺癌、人 T 淋巴细胞白血病中表达增加)。而引起基因产物表达发生变化大多是由基因突变造成的,但在目前研究的癌症中,由因基因突变引起的 ECRG4 基因表达产物发生变化的却从很少有报道,并且因基因序列变化引起的 ECRG4 产物表达变化也只占有很小一部分;然而因 ECRG4 基因启动子 CpG 岛发生甲基化修饰引起 ECRG4 基因表达变化却占很大一部分,即 ECRG4 基因的可因发生甲基化修饰而导致其表达下降。但当高甲基化的 ECRG4 去甲基化后又可恢复其在细胞内的表达。另外,大量临床标本证实 ECRG4 基因甲基化水平越高,肿瘤就越容易发生转移和侵袭,预后就越差。

## 四、结论

ECRG4 基因不仅可以参与炎症发生、阻滞损伤修复,而且可能是一种潜在的抑癌基因,其可直接激活或抑制某些凋亡、增殖等相关基因的表达,还可以通过参与相关细胞信号通路的调控,调节肿瘤的发生发展。多糖可通过影响淋巴瘤细胞的基因转录和表达水平,尤其是上调细胞中 ECRG4 的表达水平而具有抗淋巴瘤发生发展的作用。而作用的具体分子机制是多糖通过上调 ECRG4 表达水平,从而影响了与细胞凋亡、增殖活性、细胞周期相关的基因变化,进而促进了细胞的凋亡和死亡,抑制了细胞的增殖,并将细胞周期阻滞于 S期,从而达到抗淋巴瘤发生发展的作用。我们的研究结果为今后多糖抗肿瘤的临床用药研究及 ECRG4 在肿瘤发生发展中的作用及机制研究提供了一定的实验依据。

## 参考文献

[1] Su T，Liu H，Lu S. cloning and identification of cdna fragments related to human esophageal cancer[J]. Zhonghua Zhong Liu Za Zhi，1998，20(4):254-257.

[2] Li L，Zhang C，Li X，et al. The candidate tumor suppressor gene ecrg4 inhibits cancer cells migration and invasion in esophageal carcinoma[J]. J Exp Clin Cancer Res，2010，29(1):133.

[3] Chen J，Liu C，Yin L，et al. The tumor-promoting function of ecrg4 in papillary thyroid carcinoma and its related mechanism[J]. Tumour Biol，2015，36(2):1081-1089.

[4] Porzionato A，Rucinski M，Macchi V，et al. Ecrg4 expression in normal rat tissues:Expression study and literature review[J]. Eur J Histochem，2015，59(2):2458.

[5] Xu T，Xiao D，Zhang X. Ecrg4 inhibits growth and invasiveness of squamous cell carcinoma of the head and neck in vitro and in vivo[J]. Oncol Lett，2013，5(6):1921-1926.

[6] Matsuzaki J，Torigoe T，Hirohashi Y，et al. Expression of ecrg4 is associated with lower proliferative potential of esophageal cancer cells[J]. Pathol Int，2013，63(8):391-397.

[7] Wang Y，Ba C. Promoter methylation of esophageal cancer-related gene 4 in gastric cancer tissue and its clinical significance [J]. Hepatogastroenterology，2012，59(118):1696-1698.

[8] Li W，Liu X，Zhang B，et al. Overexpression of candidate tumor suppressor ecrg4 inhibits glioma proliferation and invasion[J]. J Exp Clin Cancer Res，2010，29：89.

[9] Ge S，Xu Y，Wang H，et al. Downregulation of esophageal cancer-related gene 4 promotes proliferation and migration of hepatocellular

carcinoma[J]. Oncol Lett, 2017, 14(3):3689-3696.

[10] Matsuzaki J, Torigoe T, Hirohashi Y, et al. Ecrg4 is a negative regulator of caspase-8-mediated apoptosis in human t-leukemia cells [J]. Carcinogenesis, 2012, 33(5):996-1003.

[11] Dang X, Podvin S, Coimbra R, et al. Cell-specific processing and release of the hormone-like precursor and candidate tumor suppressor gene product, ecrg4[J]. Cell Tissue Res, 2012, 348(3):505-514.

[12] Gonzalez A, Podvin S, Lin S, et al. Ecrg4 expression and its product augurin in the choroid plexus: Impact on fetal brain development, cerebrospinal fluid homeostasis and neuroprogenitor cell response to cns injury[J]. Fluids Barriers CNS, 2011, 8(1):6.

[13] Kurabi A, Pak K, Dang X, et al. Ecrg4 attenuates the inflammatory proliferative response of mucosal epithelial cells to infection[J]. PLoS ONE, 2013, 8(4):e61394.

[14] Moriguchi T, Kaneumi S, Takeda S, et al. Ecrg4 contributes to the anti-glioma immunosurveillance through type-i interferon signaling[J]. Oncoimmunology, 2016, 5(12):e1242547.

[15] Shaterian A, Kao S, Chen L, et al. The candidate tumor suppressor gene ecrg4 as a wound terminating factor in cutaneous injury[J]. Arch Dermatol Res, 2013, 305(2):141-149.

[16] Baird A, Coimbra R, Dang X, et al. Cell surface localization and release of the candidate tumor suppressor ecrg4 from polymorphonuclear cells and monocytes activate macrophages[J]. J Leukoc Biol, 2012, 91(5):773-781.

[17] Baird A, Lee J, Podvin S, et al. Esophageal cancer-related gene 4 at the interface of injury, inflammation, infection, and malignancy. Gastrointest Cancer, 2014, 4:131-142.

[18] Podvin S, Gonzalez A, Miller M, et al. Esophageal cancer related gene-4 is a choroid plexus-derived injury response gene: Evidence for a biphasic response in early and late brain injury[J]. PLoS ONE, 2011,6 (9):e24609.

[19] Mirabeau O, Perlas E, Severini C, et al. Identification of novel peptide hormones in the human proteome by hidden markov model screening

[J]. Genome Res, 2007, 17(3):320-327.

[20] Sabatier R, Finetti P, Adelaide J, et al. Down-regulation of ecrg4, a candidate tumor suppressor gene, in human breast cancer[J]. PLoS One, 2011, 6(11):e27656.

[21] Huh Y, Ryu J, Shin S, et al. Esophageal cancer related gene 4 (ecrg4) is a marker of articular chondrocyte differentiation and cartilage destruction[J]. Gene, 2009, 448(1):7-15.

[22] Lu S. Alterations of oncogenes and tumor suppressor genes in esophageal cancer in china[J]. Mutat Res, 2000, 462(2-3):343-353.

[23] Tang G, Zhou R, Zhang W. research progress of ecrg4 genes and molecular mechanism of tumor suppressor[J]. Zhonghua Bing Li Xue Za Zhi, 2016, 45(8):587-589.

[24] Camões M, Paulo P, Ribeiro F, et al. Potential downstream target genes of aberrant ets transcription factors are differentially affected in ewing's sarcoma and prostate carcinoma [J]. PLoS One, 2012, 7 (11):e49819.

[25] Zhao N, Wang J, Cui Y, et al. Induction of g1 cell cycle arrest and p15ink4b expression by ecrg1 through interaction with miz-1[J]. J Cell Biochem, 2004, 92(1):65-76.

[26] Li L, Li Y, Li X, et al. A novel tumor suppressor gene ecrg4 interacts directly with tmprss 11a (ecrg1) to inhibit cancer cell growth in esophageal carcinoma[J]. BMC Cancer, 2011, 11:52.

[27] Williamson A, Wickliffe K, Mellone B, et al. Identification of a physiological e2 module for the human anaphase-promoting complex [J]. Proc Natl Acad Sci USA, 2009, 106(43):18213-18218.

[28] Reddy S, Rape M, Margansky W, et al. Ubiquitination by the anaphase-promoting complex drives spindle checkpoint inactivation[J]. Nature, 2007, 446(7138):921-925.

[29] Lu J, Wen M, Huang Y, et al. C2 or f40 suppresses breast cancer cell proliferation and invasion through modulating expression of m phase cell cycle genes[J]. Epigenetics, 2013, 8(6):571-583.

[30] 王文玉, 樊红琨, 李晓燕. 自噬基因 beclin-1 通过食管癌相关基因 4 通路抑制 a549 肺癌细胞增殖[J]. 中华实验外科杂志, 2016, 4:1005-1007.

多
糖
的
研
究
及
临
床
应
用

[31]Schuler M, Green DR. Transcription, apoptosis and p53:Catch-22[J]. Trends in Genetics Tig, 2005, 21(3):182.

[32]Smulson M, Simbulan-Rosenthal C, Boulares A, et al. Roles of poly (adp-ribosyl) ation and parp in apoptosis, DNA repair, genomic stability and functions of p53 and e2f-1[J]. Adv Enzyme Regul, 2000, 40:183-215.

[33]Seo H, Ku J, Choi H, et al. Quercetin induces caspase-dependent extrinsic apoptosis through inhibition of signal transducer and activator of transcription 3 signaling in her2-overexpressing bt-474 breast cancer cells[J]. Oncol Rep, 2016.

[34]Jia J, Dai S, Sun X, et al. A preliminary study of the effect of ecrg4 overexpression on the proliferation and apoptosis of human laryngeal cancer cells and the underlying mechanisms[J]. Mol Med Rep, 2015, 12(4):5058-5064.

[35] Luqman S, Pezzuto J. Nfkappab: A promising target for natural products in cancer chemoprevention[J]. Phytother Res, 2010, 24(7): 949-963.

[36]Bist P, Leow S, Phua Q, et al. Annexin-1 interacts with nemo and rip1 to constitutively activate ikk complex and nf-κb:Implication in breast cancer metastasis[J]. Oncogene 2011, 30(28):3174-3185.

[37]Li L, Yu X, Yang Y, et al. Expression of esophageal cancer related gene 4 (ecrg4), a novel tumor suppressor gene, in esophageal cancer and its inhibitory effect on the tumor growth in vitro and in vivo[J]. Int J Cancer, 2009, 125(7):1505-1513.

[38]Xu T, Xiao D, Zhang X. Ecrg4 inhibits growth and invasiveness of squamous cell carcinoma of the head and neck in vitro and in vivo[J]. Oncol Lett, 2013, 5(6):1921-1926.

[39]Ma K, Cao B, Guo M. The detective, prognostic, and predictive value of DNA methylation in human esophageal squamous cell carcinoma[J]. Clinical Epigenetics, 2016, 8(1):43.

# 第二章　植物多糖抗病毒感染的
　　　　作用及机制研究

　　丙型肝炎是由丙型肝炎病毒（HCV）引起的一种传染病。目前全世界约有 1.7 亿感染者，占全球总人口的 3％，并有逐年增高的趋势。HCV 是慢性肝炎、肝硬化及肝细胞癌的重要诱因。HCV 感染后约 70％的病人可发展成慢性肝炎，其中 27％病人可在 20 年内发展为肝硬化，一旦到肝硬化阶段，每年将有 1％～4％可进展为肝癌。HCV 感染是欧、美、日等国致肝硬化和肝癌的最主要病因，在美国 25％的肝癌患者源于 HCV 感染。HCV 严重威胁着人类的健康，缩短了人的寿命，死于丙型肝炎的大多数患者的年龄较轻，约44～54岁。HCV 感染加重了社会负担，据统计美国仅 1998 年用于丙型肝炎治疗的费用就达到了 18 亿美元。因此丙型肝炎的防治一直备受政府及社会广大科学工作者的极大重视。各国科学家曾对丙型肝炎的防治做了很多有益的尝试，如：减轻治疗副反应的三氮唑核苷类药物；HCV 解旋酶抑制剂；HCV RNA 聚合酶抑制剂；p7 离子通道抑制剂；提高机体免疫反应的免疫调节剂等，但至今仍未实现真正意义上的防治。目前，聚乙二醇化 γ-干扰素与三氮唑核苷联合应用仍是临床公认的治疗丙型肝炎的标准方案，该联合疗法虽提高了丙型肝炎的治疗效果，但因 HCV 能够通过持续的基因变异、信号干扰、效应分子的调节等复杂过程逃避宿主的免疫反应。此外很多病人不能耐受该联合疗法的副作用及无力支付昂贵的治疗费用等，使得现有的治疗方案仍不能满足治疗的需要。因此，开发一些更方便、有效和副作用较少的新药物或疗法，以实现对丙型肝炎的防治一直是该领域研究的重点。本项目组将细胞脂筏作为药物作用靶点，将多糖用于抗 HCV 感染及抑制感染后癌变的研究，有了新的发现。

　　脂筏能动态和选择性地募集多种蛋白质，并通过膜蛋白区域化而使膜功

第二篇　多糖的实验研究

125

能区域化。在适当刺激下,功能相关的脂筏可相互融合,形成更大的脂筏域以协助完成特定功能。资料显示,脂筏在多种病毒复制过程中除参与病毒融合过程外,尚与病毒胞内定向转运、病毒装配和出芽密切相关。在病毒的组装和出芽过程中,病毒相关成分最初与脂筏成分相互作用并富集在脂筏中,同时促进脂筏的组成成分发生有利改变,进而提高病毒蛋白在脂筏中的含量及病毒粒子的组装和出芽效率。脂筏是跨膜信号转导等多种生命活动的重要参与者,当脂筏、脂筏募集蛋白成分及量因病毒感染而发生变化后,必将引起宿主一系列信号传导发生变化,从而导致宿主细胞生物学功能发生改变。该信号转导一方面可以启动宿主细胞的保护性应答,如 IFN 可通过影响脂筏募集信号蛋白,激活 Jak-STAT 抗病毒信号传导通路而抑制病毒的复制。另一方面脂筏胞质侧分布的信号蛋白分子又能影响病原体的内吞及其后的内吞泡运输,并避免病原体被溶酶体降解,从而促进病原体的传播和疾病发生。本课题组用甲基-β 环糊精(MβCD)去除 HCV 感染的 HepG2 细胞膜脂筏的胆固醇,免疫荧光染色发现,HCV E 蛋白表达量明显下降甚至缺失。证实脂筏,尤其是脂筏中胆固醇水平与 HCV 感染密切相关。同时本课题组将 5 μg/mL 青蒿多糖作用于 HepG2 细胞 24 h 后,用 HCV 去感染该细胞,检测了细胞胆固醇浓度,并利用 FITC-IgE 进行免疫荧光染色,同时用 hoechst 标记细胞核,共聚焦显微镜检测结果证实,青蒿多糖可下调细胞膜的胆固醇浓度,并可抑制 HCV 吸附。同时本项目组将 HCV 阳性血清与 HepG2 细胞共孵育 4 小时后,弃上清,PBS 洗涤 5 次以上,以弃掉未感染的 HCV 病毒,将细胞用 DMEM + 10% 血清培养 5 d,每天取部分细胞培养液,以 P1 5′-cgcgcgactaggaagacttc - 3′, P2 5′- atgtaccccatgaggtcggc - 3′, P3 5′-aggaagacttccgagcgcggtc-3′,P4 5′-gagceatcctgcccacccca-3′为引物,采用 nest RT-PCR 的方法,检测是否有 HCV mRNA 转录,以制备 HCV 感染 HepG2 细胞模型。结果感染后第 4 d 开始出现阳性结果。同时透射电镜下检测到感染细胞内有大小 30～80 nm 的病毒颗粒,该模型细胞与青蒿多糖共孵育 48 h,制备细胞爬片,免疫荧光染色,共聚焦显微镜下观察细胞中 HCV-NS1 蛋白表达情况,结果证实,加入青蒿多糖后,HCV NS1 蛋白的表达,随多糖的加入量增加而下调,即青蒿多糖可抑制 HCV 的感染和复制。前期研究还发现,在 HCV 感染的 HepG2 细胞中加入青蒿多糖,共培养 48 h 后,经细胞衰老检测试剂盒染色发现,该蛋白可诱导 HCV 感染细胞产生衰老蛋白,即青蒿多糖可诱导 HCV 感染的肝癌细胞发生细胞衰老。

动物实验中也证实了多糖抗 HCV 感染的作用。即,将 HCV 感染的

SMMC-7721 细胞 $2 \times 10^7$ 100 $\mu$L 腹股沟注射裸鼠,6 d 后,灌胃多糖,用药剂量为 0～500 $\mu$g/kg,连续给药 7 d,于肿瘤移植后第 11 d 杀鼠取瘤称重,4% 多聚甲醛固定后,制备蜡块,免疫组化检测 HCV NS1 蛋白。结果当剂量为 100 $\mu$g/kg 用药剂量时 NS1 在细胞浆中表达量极低,当剂量达到 200 $\mu$g/kg 时完全阴转。同时该药在一定程度上抑制了 SMMC-7721 细胞及 HCV 感染后 SMMC-7721 细胞所形成的瘤组织增长。

此外,本课题组通过研究证实多糖能够使小鼠体内 IFN 水平显著升高,并能够激活细胞 IFN 通路。将青蒿多糖和 HCV 感染的肝癌细胞株 HepG2 共孵育,结果显示 HCV 感染明显受抑。将人淋巴细胞和青蒿多糖共孵育后,加入 HCV 感染的 HepG2 细胞,并以未感染 HCV 的 HepG2 细胞做对照,结果显示,HCV 感染组 HepG2 细胞较未感染组凋亡比例明显增加。同时研究首次发现青蒿多糖能够上调 HCV 感染的 HepG2 细胞膜和细胞浆中 ECRG4 蛋白表达。此外,本项目组运用 RT-qPCR 法分析了 8 对配对肝组织中 ECRG4 mRNA 水平,发现全部 4 例丙肝患者肝组织 ECRG4 mRNA 水平明显下调,4 例 HCV 感染所致肝细胞癌组织中 ECRG4 mRNA 水平亦显著下调,仅有 1 例肝癌组织中 ECRG4 mRNA 水平与癌旁肝组织相似。将外源 ECRG4 蛋白加入 HCV 感染的 HepG2 细胞,感染细胞凋亡比例增加,RT-PCR 检测 HCV RNA 证实该蛋白具有抗 HCV 感染的作用。ECRG4 为多种肿瘤的抑癌基因,该基因表达的蛋白主要分布于细胞膜和细胞浆,并可外分泌,我们研究发现 ECRG4 蛋白能够诱导肝癌细胞 HepG2 向 AFP 低表达、Alb 高表达的细胞转化,此外,曾有研究发现 ECRG4 能够诱导中枢神经系统细胞老化,同时我们课题组在进行胃溃疡治疗研究中发现,新生胃细胞中 ECRG4 低表达甚至不表达,而随着胃细胞成熟和衰老,ECRG4 表达增加。因此,多糖能够通过影响脂筏、脂筏相关蛋白或信号分子,从而上调 ECRG4 的表达,而 ECRG4 又可以自分泌或外分泌的方式影响自身或与其相邻细胞的脂筏募集蛋白或信号分子,进而对 HCV 感染细胞的生物学功能进行调控,从而起到抗 HCV 感染的作用。同时 ECRG4 促使 HCV 感染的未成熟肝细胞走向成熟或衰老,则延缓了 HCV 感染后慢性肝炎、肝硬化和肝癌的发生。肝癌细胞为永生化细胞,具备未成熟肝细胞的特点,多糖能够诱导该类细胞失去永生化的特点而走向成熟和衰老,则必将对 HCV 感染所致肝细胞癌有一定的治疗作用。

多
糖
的
研
究
及
临
床
应
用

参考文献

[1] He Huang, Kang R, Zhao Z, Hepatitis C virus infection and risk of stroke: a systematic review and meta-analysis[J]. PLoS One, 8 (11), pp e81305, 2013

[2] Vikas Saxena, Chao-Kuen Lai, Ti-Chun Chao, King-Song Jeng, and Michael M. C. Lai, Annexin A2 Is Involved in the Formation of Hepatitis C Virus Replication Complex on the Lipid Raft[J]. J Virol, 86(8), pp. 4139-4150, 2012

[3] Alter M J, Epidemiology of hepatitis C virus infection[J]. World J. Gastroenterol, 13, pp. 2436-2441, 2007

[4] NIH Consensus Development Conference Management of Hepatitis C: 2002 June 10-12 Natcher Conference Center[J]. Nattional Institutes of Health Bethesda, MD Reported by Jules Levin

[5] De Francesco R, CarfíA, Advances in the development of new therapeutic agents targeting the NS3-4A serine protease or the NS5B RNA-dependent RNA polymerase of the hepatitis C virus[J]. Adv Drug Deliv Rev, 59(12), pp. 1242-1262, 2007

[6] Jahan S, Khaliq S, Samreen B, Ijaz B, Khan M, Ahmad W, Ashfaq UA, Hassan S, Effect of combined siRNA of HCV E2 gene and HCV receptors against HCV[J]. Virol J, 8, p. 295, 2011

[7] Rowan P J, Does prophylactic antidepressant treatment boost interferon-alpha treatment completion in HCV? [J]. World J Virol, 2(4), pp. 139-145, 2013

[8] Gale M Jr, Foy EM, Evasion of intracellular host defence by hepatitis C virus[J]. Nature, 436(7053), pp. 939-945, 2005

[9] Shen-Tu G, Schauer D B, Jones N L, Sherman P M, Detergent-resistant microdomains mediate activation of host cell signaling in response to attaching-effacing bacteria[J]. Lab Invest, 90(2), pp. 266-281, 2010

[10] Shanker V, Trincucci G, Heim H M, Duong H T, Protein phosphatase 2A impairs IFNα-induced antiviral activity against the hepatitis C virus through the inhibition of STAT1 tyrosine phosphorylation[J]. J Viral

Hepat, 20(9), pp. 612-621, 2013

[11]Brugger B, Sandhoif R, Wegehingel S, Gorgas K, Malsam J, Helms J B, Lehmann W D, Nickel W, Wieland F T, Evidence for segregation of sphingomyelin and cholesterol during formation of COPl-coated vesicles [J]. J Cell Biol, 151, pp. 507-518, 2000

[12]Grek M, Bartkowiak J, Sidorkiewicz M, Role of lipid rafts in hepatitis C virus life cycle[J]. Postepy Biochem, 53(4), pp. 334-343, 2007

[13]Shi S T, Lee K J, Aizaki H, Hwang S B, Hepatitis C virus RNA replication occure on a detergent-resistant membrane that cofractionates with caveolin-2[J]. J. Virol, 77, pp. 4160-4168, 2003

[14]Gao L, Aizaki H, He J W, Lai M M, Interactions between viral nonstructural proteins and host protein hVAP-33 mediate the formation of hepatitis C virus RNA replication complex on lipid raft[J]. J. Virol, 78, pp. 3480-3488, 2004

[15]Ding Y, Zhang H, Li Y, Wu D, He S, Wang Y, Li Y, Wang F, Niu J, Inhibition of HCV 5′-NTR and core expression by a small hairpin RNA delivered by a histone gene carrier[J]. HPhA, Int J Med Sci, 10 (8), pp. 957-964, 2013

[16]Nakashima K, Takeuchi K, Chihara K, Horiguchi T, Sun X, Deng L, Shoji I, Hotta H, Sada K, HCV NS5A protein containing potential ligands for both Src homol - ogy 2 and 3 domains enhances autophosphorylation of Src family kinase Fyn in B cells[J]. PLoS One, 7(10), pp. e46634, 2012

[17]Mannova P, Beretta L, Activation of the N-Ras-P13K-Akt-mTOR pathway by hepatitis C virus: control of cell survival and viral replication[J]. J. Virol, 79, pp. 8742-8749, 2005

[18]Chen J, Jin X, Chen J, Liu C, Glycyrrhiza polysaccharide induces apoptosis and inhibits proliferation of human hepatocellular carcinoma cells by blocking PI3K /AKT signal pathway[J]. Tumour Biol, 34 (3), pp. 1381-1389, 2013

[19]Li W, Liu X, Zhang B, Qi D, Zhang L, Jin Y, Yang H, Overexpression of candidate tumor suppressor ECRG4 inhibits glioma proliferation and invasion[J]. J Exp Clin Cancer Res, 29, p. 89, 2010

第二篇 多糖的实验研究

多糖的研究及临床应用

[20]Li LW, Li YY, Li XY, Zhang CP, Zhou Y, Lu SH, A novel tumor suppress-or gene ECRG4 interacts directly with TMPRSS11A (ECRG1) to inhibit cancer cell growth in esophageal carcinoma[J]. BMC Cancer, 11, pp. 52, 2011

[21]Götze S, Feldhaus V, Traska T, Wolter M, Reifenberger G, Tannapfel A, Kuhnen C, Martin D, Müller O, Sievers S, ECRG4 is a candidate tumor suppressor gene frequently hypermethylated in colorectal carcinoma and glioma[J]. BMC Cancer, 9, pp. 447, 2009

[22]Mirabeau O, Perlas E, Severini C, Audero E, Gascuel O, Possenti R, Birney E, Rosenthal N, Gross C, Identification of novel peptide hormones in the human proteome by hidden Markovmodel screening [J]. Genome Res, 17, pp. 320-327, 2007

[23]Kujuro Y, Suzuki N, Kondo T, Esophageal cancer-related gene 4 is a secreted inducer of cell senescence expressed by aged CNS precursor cells[J]. Proc Natl Acad Sci USA, 107, pp. 8259-8264, 2010

# 第三章　植物多糖用药剂型研究

植物多糖因其相对分子质量大,水溶性低,临床应用受到很大的限制,因此多糖用药剂型研究是目前重要的研究方向,本研究团队探索了多糖单独用药和与其他药物联合应用的用药方式和剂型,以玉米须多糖为例,现将其阐述如下:

## 一、玉米须多糖的提取

采集新鲜玉米须,洗净切碎,用80％食用酒精浸泡4次,除去色素和醇溶性物质后烘干,粉碎后干粉过60目筛。取玉米须干粉按液料体积比1:60加水,95℃回流提取3 h,2500 r/min离心30 min,重复提取2次,合并提取液。用旋转蒸发仪减压浓缩至稠,加入其体积1/5的氯仿-正丁醇(5:1)溶液震荡30 min,经9000 rpm离心去除蛋白沉淀,重复多次至无明显的沉淀产生。然后用截留相对分子质量为3500 D的透析袋对其透析2 d,去掉小分子单糖。剩余液体置3倍体积95％乙醇充分搅拌后经4800 rpm离心20 min得到白色沉淀。经无水乙醇反复洗涤,冻干后即得玉米须多糖。将该多糖先后经过低压层析系统过DEAE-Sepharose Fast Flow离子交换柱和SephadexG-150柱,以葡聚糖为标准品,红外光谱及凝胶渗透色谱法(GPC)证实所提取的产物为约987761 Da的多糖,苯硫酸法测得所提取产物的糖含量＞95％,分光光度计检测显示蛋白含量＜8％,LAL分析证实无LPS污染。再使用HPLC Agilent carbohydrate柱,分析多糖水解样品的单糖组成,结果得出玉米须多糖的主要单糖成分是葡萄糖、半乳糖、甘露聚糖、木糖、阿拉伯糖和鼠李糖(18:12:3:1:0.8:0.7),且具有较高的糖醛酸含量。实验所获得的玉米须多糖为白色粉末,不溶于酒精、甲醇等有机溶剂,在水中的溶解度最高在39 mg/mL左右,高于此浓度多糖水溶液失去流动性成果冻状。该糖有较强的黏性和吸湿性,易霉变,不易保存。用水将其溶解后黏度较高,流动性较差,不利于扩散。

## 二、玉米须多糖与 2-脱氧-D-葡萄糖缓释微球的制备

采用乳化交联法,用明胶为载体包埋玉米须多糖和 2-脱氧-D-葡萄糖(2-deoxy-D-glucose, 2-DG)。乳化过程由油包水的两相构成,首先取少许明胶 60 ℃溶于适量水中,再加入多糖与 2-DG 混合溶液充分混匀,使明胶浓度为 10%,多糖浓度为 15 mg/mL,2-DG 浓度为 5 mg/mL。液体石蜡中加入 1% S-80 乳化剂作为油相连续相,设置 W/O 为 1∶4,在保持 60 ℃的条件下,将明胶多糖 2-DG 水相缓缓加入液体石蜡并在磁力搅拌器下充分搅拌,待充分乳化后迅速冷却 4 ℃以下,并保持搅拌,最后用 1%戊二醛固化 2 h。最后离心,取沉淀,用异丙醇或乙醇洗去残留油质和戊二酸,冻干,回收微球。苯酚硫酸法对微球进行测定,证实所得缓释微球载药量达到 9.73%,包封率为 93%。实验有良好的稳定性和重现性。

## 三、玉米须多糖与 2DG 联用抗 HCV 的作用及机制研究

1. 建立 HCV 感染的人肝癌细胞模型

自台州市立医院收集丙肝病毒(HCV)mRNA 阳性、血清抗体阴性的丙肝早期患者无菌血清。取对数生长期的 HepG2 细胞以 $1×10^5$ 细胞/孔的浓度种入 6 孔培养板并过夜培养,加入 HCV 阳性患者血清 0.5 mL(以正常人血清做对照),并以含有 10%胎牛血清 DMEM 补足培养液,感染 4 h 后弃去培养上清,PBS 清洗 4 次后,加入含有 10%胎牛血清的 DMEM 完全培养液进行培养,分别于培养 24、48 和 72 h 取培养细胞,经免疫荧光及 RT-PCR 加以鉴定。

2. 电镜分析

HCV 感染的 HepG2 细胞经 3 mg/L 玉米须多糖或 3 mg/L 玉米须多糖＋1 mg/L 2-DG 共孵育 48 h 后电镜分析,结果显示,用药前这个病毒颗粒大量存在于线粒体部位。大小 30~80 nm,单用玉米须多糖病毒颗粒减少,而玉米须和 2-DG 联合用药后病毒消失。

3. 荧光免疫分析

HCV 感染的肝癌细胞经 0、3 mg/L 玉米须多糖、3 mg/L 玉米须多糖＋1

mg/L 2-DG 共孵育 48 h,制备细胞爬片,免疫荧光染色后共聚焦分析,结果发现,玉米须多糖可部分抑制 HCV NS1 蛋白表达,玉米须多糖与 2DG 联合可使 HCV 基因表达完全受抑。

4. 细胞凋亡结果

HCV 感染的 HepG2 细胞(HepG2 细胞作对照)经 3 mg/L 玉米须多糖或 3 mg/L 玉米须多糖＋1 mg/L 2-DG 共孵育 48 h,流式细胞分析仪检测细胞凋亡。结果 HCV 感染的 HepG2 细胞凋亡比例为(73.44±1.43)％,远大于 HepG2 细胞(42.99±1.82)％。

5. 细胞膜中胆固醇含量测定

将不同浓度的玉米须多糖与 HepG2 细胞共孵育 48 h,800 g 离心 5 min,PBS 缓冲液洗细胞沉淀 2 次,加入正己烷和异丙醇(3∶2)0.5 mL,37 ℃条件下裂解细胞 1 h,离心后将有机相液体移至另一离心管中,N2 吹干。利用胆固醇测定试剂盒,借助荧光分光光度计检测荧光强度,激发波长为 563 nm,发射波长为 584～590 nm,结果如图 3-1。

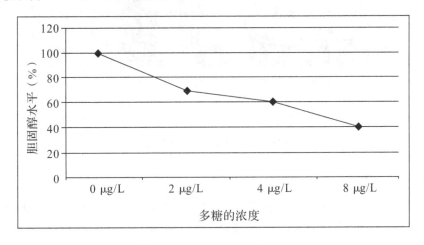

图 3-1　胆固醇含量测定结果

6. Real time PCR 检测细胞内 mRNA 水平

将不同浓度的与 HCV 感染的 HepG2 细胞经玉米须多糖共孵育 48h,提取细胞内 mRNA,逆转录后,以下表中序列为引物,进行 Realtime PCR,结果如图 3-2:

| Name | Forward primer | Reverse primer |
|------|----------------|----------------|
| BAX | CTCACCGCCTCACTCACCAT | TGTGTCCCGAAGGAGGTTTATT |
| IFN-γ | TCAAGTGGCATAGATGTGAAGA | CTGGCTCTGCAGGATTTTCAT |
| β-actin | AGAGGGAAATCGTGCGTGAC | CAATAGTGATGACCTGGCCGT |
| BCL-2 | GGGTGGGAGGGAGGAAGAAT | TTCGCAGAGGCATCACATCG |
| Caspase3 | GAGTAGATGGTTTGAGCCTGAG | TGCCTCACCACCTTTAGAAC |
| STAT3 | CTGGCCTTTGGTGTTGAAAT | AAGGCACCCACAGAAACACAAC |
| STAT5 | GTCACGCAGGACACAGAGAA | CCTCCAGAGACACCTGCTTC |

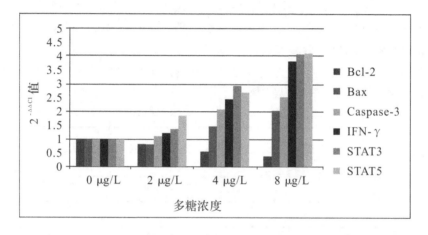

图 3-2    Realtime PCR 分析结果

### 7. 动物实验

HCV 感染的 HepG2 细胞 $2 \times 10^7$ 100 $\mu$l 腹股沟注射裸鼠,6 d 后,喂食玉米须多糖-2-DG 缓释微球,玉米须多糖用药剂量为 1~100 mg/kg,2-DG 用药剂量为 1~50 mg/kg 连续给药 4d,于肿瘤移植后第 18 d 杀鼠取瘤称重,4% 多聚甲醛固定后,制备蜡块,免疫组化检测 HCV NS1 蛋白。结果,当玉米须多糖单独用药时,剂量为 25 mg/kg 时 HCV NS1 在细胞浆中表达量级低,当 25 mg/kg 玉米须多糖与 5 mg/kg 2-DG 联合用药时,治疗效果最好,HCV 感染细胞中 HCV NS1 完全阴转。同时该联合用药在一定程度上抑制了 HepG2 细胞及 HCV 感染后 HepG2 细胞所形成的瘤组织增长。

## 四、结论

玉米须多糖来源于禾本科作物玉米的干燥花柱和柱状,该原料来源丰富,价格低廉,易于采集。玉米须具有较明显的药理作用,含有甾醇、多糖、黄酮、氨基酸、无机元素和有机酸等。本课题组国内外首次成功地将玉米须多糖和2-DG制成缓释微球,并用于抗 HCV 感染的研究。

玉米须多糖+2-DG 能诱生 IFN、下调细胞膜胆固醇的含量、激活 Jak-STAT 抗病毒信号通路及抗肿瘤的 PI3K-AKT 通路、上调凋亡相关蛋白、抑制抗凋亡蛋白;引起 HCV 感染细胞凋亡。推测该药可能通过下调脂筏的成分如胆固醇的含量,并从而抑制 HCV 与细胞脂筏的融合及 HCV 的膜相关复合体的形成,进而影响 HCV 的穿入、复制和释放,并能通过诱导细胞凋亡,加速 HCV 感染细胞的凋亡,同时药物具有抗肝癌细胞的功能。因此,该药具有抗 HCV 感染的功能,又具有清除癌变细胞的功能。

# 附录 多糖相关杂志简介

目前发表关于多糖研究的 SCI 杂志主要有以下：

## 一、*Carbohydrate Polymers*

### 1. 杂志简介

《碳水化合物聚合物》涵盖了碳水化合物聚合物在食品、纺织品、纸张、木材、黏合剂、医药、油田应用和工业化学等领域的工业应用的研究和开发。主题包括：研究结构与性能的生物和工业发展化学和微生物相互作用分析方法的修改与其他材料除了原始研究论文期刊发表的评论文章，也欢迎它的新闻和观点的部分贡献，报告在该领域的学术和工业的发展，包括专利和文献调查。

### 2. 投稿内容

中药学，无机化学，分析化学，化学工程及工业化学，化学生物学与生物有机化学，生物化工与食品化工，资源化工，中药学其他科学问题，无机非金属材料，碳素材料与超硬材料，中药药效物质，质谱分析，智能材料，生物物理，生物化学与分子生物学，抗肿瘤药物药理，胶体与界面化学，生物大分子结构与功能，有机高分子功能材料，微生物学，微生物生理与生物化学，有机分子功能材料化学，植物学，植物生理与生化，无机合成和制备化学，消化系统，色谱分析，生物无机化学，药物学，高分子材料结构与性能，高分子材料与环境，肝再生、肝保护、肝衰竭、人工肝，药剂学。

## 3. 杂志影响因子

| 2016 年度 | 2015 年度 | 2014 年度 | 2013 年度 |
|-----------|-----------|-----------|-----------|
| 4.8109    | 4.2189    | 4.0739    | 3.9159    |

## 4. 对杂志的评价

*Carbohyd Polym* 杂志属于化学行业,"高分子科学"子行业的中等级别杂志。影响因子适中,投稿成功率较大,平均 2.31818 个月的审稿周期。适合中国人投稿。

## 二、*Carbohydrate Research*

### 1. 杂志简介

自 1965 成立以来,《碳水化合物研究》以其高标准和广泛的范围而闻名,包括碳水化合物化学和生物化学的所有方面。发表在杂志上的文章包括糖及其衍生物(环多醇,和碳水化合物反应模型化合物)、低聚多糖,核苷,核苷酸,和糖缀合物。这些系统是从化学合成;结构和立体化学的研究;反应及其机理;天然产物分离;理化研究;分子动力学;分析化学;生物化学(合成、代谢、降解、结构和功能的生物化学机制,酶,糖基转移酶,等);作用酶;免疫组织化学;技术方面等方面来进行考虑的。该杂志包括正常长度的研究论文、笔记、初步通讯和书评,以及与碳水化合物有关的会议通知。

### 2. 投稿内容

其涉及的研究领域为碳水化合物。有数据显示,其偏重的研究方向为寡糖结构解析、多糖降解、多糖分离纯化,寡糖结构解析。

### 3. 杂志影响因子

| 2016 年度 | 2015 年度 | 2014 年度 | 2013 年度 |
|-----------|-----------|-----------|-----------|
| 2.096     | 1.929     | 1.966     | 2.044     |

### 4. 对杂志的评价

2017 年中国人文章占该期刊总数量 17%,*Carbohyd Rearch* 杂志属于化学行业,"应用化学"子行业的中等级别杂志。杂志水平一般,也很冷门,关注人少,审稿周期可能也不一定快,如果文章质量不佳,或时间不紧的话,可以考虑。

### 三、*Food Hydrocolloids*

1. 杂志简介

《食品胶体》发表原始研究和食品系统中大分子的性质、功能和用途的基本性能的应用方面。在这样的背景下,包括多糖、修饰多糖和单独作用的蛋白质,或与其他食品成分混合,如增稠剂、凝胶剂或表面活性剂。包括在该杂志范围内的是真实的模型食品胶体分散体研究、乳状液和泡沫和相关的物理化学稳定性的现象-分层,沉淀、絮凝和聚结。特别是,食品胶包括:亲水胶体的行为的全部范围,包括隔离程序,分析表征和物化,到最终在食品成品的使用和分析;建立食品胶体和新的最终寻求食品批准结构表征;在食品批准生产使用的细胞培养和细菌发酵科技或潜在的食品成为胶体,和其他新的程序和食品胶等的提取;胶凝机理,在凝胶化过程中的脱水收缩和聚合物的协同作用。流变学的研究,这些可与亲水胶体的功能、胶体的稳定性和感官特性相关。理论上,胶体稳定性研究的计算或模拟方法,只要与食物系统有明确的关系;吸附膜的表面性质及其与发泡乳化性能的关系;低分子表面活性剂或可溶性聚合物的相行为及其与食品胶体稳定性的关系;液滴和气泡生长,气泡成核,薄膜排水和破裂过程;脂肪和水对这些现象的结晶和亲水胶体的影响,关于稳定性和纹理;在各部门的食品工业在食品成品胶直接应用,包括他们与其他食物成分的相互作用,毒理学、亲水胶体包括相关的立法考量生理和代谢的研究。

2. 投稿内容

其涉及的研究方向为工程技术、食品科技。有数据表示,其偏重的研究方向为蛋白质、糖类、蛋白质等、组分互相作用、食品、淀粉、凝胶。

3. 杂志影响因子

| 2016 年度 | 2015 年度 | 2014 年度 | 2013 年度 |
| --- | --- | --- | --- |
| 4.747 | 4.09 | 4.28 | 3.494 |

4. 对杂志的评价

*Food Hydrocolloid* 杂志属于工程技术行业,"食品科技"子行业的优秀级杂志。*Food Hydrocolloid* 杂志级别还可以,但是相对来说,比较冷门,关注人数偏少,有些可能是国内不太熟悉,但该杂志在国际仍然有相当知晓度的。因为缺少中国人投稿,稿源可能未必丰富,发表可能有很大的机会。

## 四、*International Journal of Biological Macromolecules*

### 1. 杂志简介

《国际生物大分子》杂志是一本已建立的研究天然大分子结构的国际期刊。介绍了蛋白质、碳水化合物、核酸、病毒和膜分子结构的最新研究成果。范围包括分子构象研究，联系，相互作用和功能特性以及相关的模型系统，新的技术和理论的发展。

### 2. 投稿内容

其涉及的研究方向为生物-生化与分子生物学。偏重的研究方向有多糖、肿瘤、中药、高分子、酶的结构与功能、天然蛋白的分离纯化及表征、中医、酶学、临床基础应用、生物大分子、药理、中药单体、新药、小分子、药理学、生物材料、喉癌、中药多糖、临床基础研究、化疗药物。

### 3. 杂志影响因子

| 2016 年度 | 2015 年度 | 2014 年度 | 2013 年度 |
| --- | --- | --- | --- |
| 3.6710 | 3.1470 | 2.8580 | 3.0947 |

### 4. 对杂志的评价

*International Journal Biological Macromolecules* 杂志属于生物行业，"生化与分子生物学"子行业的偏低级别杂志。绝大部分收录论著，也接收少量其他类型文章。相对冷门，关注人不多。

## 五、*Glycoconjugate Journal*

### 1. 简介

《糖复合物》杂志发表的文章和评论与成分降解功能的互动结构和合成糖缀合物（糖蛋白，糖脂蛋白聚糖寡糖多糖）包括这些方面的疾病（如免疫炎症和关节疾病，感染，代谢紊乱的恶性肿瘤，神经系统疾病）有关。对糖复合物的合成以及生物学相关的方法论的发展有关的文章可以被刊登。关于疾病糖基化变化的文章必须集中于发现一种新的疾病标记物或对一些基本病理机制的改进理解。也可以接受关于毒物学剂（烟酒毒品环境因子）对糖基化影响的文章。期刊全称是官方的国际糖复合物组织杂志，负责组织对糖复合物的两年一度的国际专题讨论会。

2．投稿内容

该杂志涉及的研究方向为生物-生化与分子生物学，偏重的研究方向为多糖、营养、植物化学。

3．杂志影响因子

| 2016 年度 | 2015 年度 | 2014 年度 | 2013 年度 |
|---|---|---|---|
| 2.186 | 2.52 | 1.948 | 1.882 |

4．对杂志的评价

*Glycoconjugate Journal* 杂志属于生物行业，"生化与分子生物学"子行业的中等级别杂志。杂志水平一般，也很冷门，关注人少，审稿周期可能也不一定快，如果文章质量不佳，或时间不紧的话，可以考虑考虑。

## 六、*Food Chemistry*

1．简介

食品的化学和生物化学组成是研究其性质和加工应用的基础。食品化学出版了原始的经过同行评议的研究论文，内容涉及食品科学家和技术专家所必需的广泛主题。主题包括：食品化学分析；化学添加剂和毒素；与食物的微生物、感官、营养和生理有关的化学；食品加工和储存过程中分子结构的变化；农药的使用对食物的直接影响；食品工程技术中的化学品质。此外，该杂志以营养和临床的方法以微量元素测量宏量营养素，在食品和生物样品中添加剂和污染物为特色。论文应关注的方法，他们的发展和评价，合作学习的结果，新的技术（ELISA 试剂盒等）、自动化或过程控制的在线程序，食品掺假方法、质量保证和参考材料的制备表征等方面，以及相关的评论文章。从营养和营养状况评估营养物生物利用度的方法也将被考虑。论文应侧重于开发新的，或修改现有的分析程序，包括从真实样本中获得足够的数据来验证方法。

2．投稿内容

该杂志涉及的研究方向为工程技术-食品科技。偏重的研究方向为食品科学、分析、功能食品、食品安全、风味化学、加工、过敏原、食品化学、食物化学成分分析方法、食品物理化学、食品各成分制备方法的改进、食品成分的活性或毒性研究、食品的成分分析、食品生物技术、食品工程、天然产物、食品或药品活性物质、植物次生代谢、分析化学。

3. 杂志影响因子

| 2016 年度 | 2015 年度 | 2014 年度 | 2013 年度 |
|---|---|---|---|
| 4.529 | 3.391 | 3.259 | 3.334 |

4. 对杂志的评价

*Food Chemistry* 杂志属于工程技术行业,"食品科技"子行业的顶级杂志,居于一线期刊,但是国内关注人数不算太多,投稿也许有些机会。绝大部分收录论著,也接收少量其它类型文章。

## 七、*Food Research International*

1. 杂志简介

*Food Research International* 杂志是加拿大食品科学与技术研究所的后续刊物。在其前身的质量和力量的基础上,国际食品研究已发展到创建在食品科学研究交流的一个真正的国际论坛。国际食品研究出版研究论文,旨在为各学科涵盖食品科学和技术的重要研究的快速传播国际论坛。涵盖的主题包括:食物的物理性质、微生物化学、食品安全、食品质量、食品营养等。该杂志的其他特色包括评论文章,应用技术科回顾新兴技术,专题讨论的论坛部分,书评,会议日历。

2. 投稿内容

该杂志涉及的研究方向为工程技术-食品科技。偏重的研究方向为食品科学、食品微生物、食品领域、粮食工程、食品交叉科学、粮食加工、食品工程、食品安全。

3. 杂志影响因子

| 2016 年度 | 2015 年度 | 2014 年度 | 2013 年度 |
|---|---|---|---|
| 3.086 | 2.818 | 3.05 | 3.005 |

4. 对杂志的评价

*Food Research International* 杂志属于工程技术行业,"食品科技"子行业的优秀级杂志。该杂志级别还可以,但是相对来说,比较冷门,关注人数偏少,

多糖的研究及临床应用

有些可能是国内不太熟悉,但该杂志在国际仍然有相当知晓度的。因为缺少中国人投稿,稿源可能未必丰富,发表有可能有很大的机会。

## 八、*The Journal of Biological Chemistry*

### 1. 杂志简介

*The Journal of Biological Chemistry*(JBC)是由美国生物化学和分子生物学学会出版的专业性学术期刊,它每周以印刷版和网络电子版 2 种形式出版(网址:www.jbc.org,在 INTERNET 上免费向中国用户开放全文)。该刊的日常编辑工作由主编、编辑及编委会共同负责,主要发表生物化学和分子生物学各个领域的具有实质性的最新科学发现,并经编委和审稿人的评判后决定是否发表。

### 2. 投稿内容

JBC 涉及的研究领域为生物-生化与分子生物学。偏向的研究方向为信号转导、生化、细胞生物学、分子生物学、生物现象、生物化学、细胞生物、糖生物学、酶学、自噬、海洋微生物学、信号通路、癌症、分子酶学工程、细胞因子治疗、免疫分子、干细胞、凋亡、细胞信号等。

### 3. 杂志影响因子

| 2016 年度 | 2015 年度 | 2014 年度 | 2013 年度 |
|---|---|---|---|
| 4.125 | 4.573 | 4.6 | 4.773 |

## 九、中国中药杂志

### 1. 杂志简介

《中国中药杂志》创刊于 1955 年 7 月,是我国现存创刊最早的综合性中药学术核心期刊,始终保持发行量居本专业领域首位。全面反映我国中药学进展与研究动态,是中药科研最高学术水平的交流平台之一。面向国内外公开发行,为中药学术期刊中唯一的半月刊。

### 2. 投稿内容

本刊主要报道我国中药资源、鉴定、栽培、养殖、炮制、制剂、化学、药理、中药理论、临床、不良反应、本草等各专业领域科研成果和进展动态,提高与普及相结合,栏目包括专论、综述、研究论文、研究报告、临床、技术交流、学术探讨、药事管理、经验交流、信息等。期刊近十年文献的学科分布有中药学、农作物、中医学、医学教育与医学边缘学科、有机化工、化学、药学、肿瘤学、植物保护、基础医学、生物学、工业经济、内分泌腺及全身性疾病、心血管系统疾病等。

3. 杂志影响因子

| 2016 年度 | 2014 年度 | 2012 年度 | 2010 年度 |
|---|---|---|---|
| 1.860 | 1.662 | 1.175 | 1.382 |

## 十、食品科学

1. 杂志简介

《食品科学》主要刊载国内外食品行业的高新技术和新的研究开发成果，体现了国内食品行业的前沿科研成果，代表了食品行业中的领先学术水平，具有文献记录和标志的作用。是国内最具影响的专业杂志之一。

2. 投稿内容

该杂志涉及的研究方向是关于食品的基础研究、生物工程、营养卫生、专题论述、工艺技术、分析检测、包装贮运、技术应用等。期刊近十年文献的学科分布有轻工业手工业、中药学、一般化学工业、化学、有机化工、生物学、预防医学与卫生学、园艺、农作物、水产和渔业、畜牧和动物医学、工业经济、植物保护等。

3. 杂志影响因子（复合影响因子）

| 2016 年度 | 2014 年度 |
|---|---|
| 1.428 | 1.093 |

## 十一、农业工程学报

1. 杂志简介

《农业工程学报》是由中国农业工程学会主办的全国性学术期刊，自 2005 年始为单月刊，为全国中文核心期刊，在最新版的《中文核心期刊要目总揽》中位居"农业工程类"期刊榜首；2001 年入选中国期刊方阵"双效"期刊；被中国科协主办的《中国学术期刊文摘》选为首批收录期刊；先后被美国工程索引（EI Page one）、英国国际农业与生物中心（CAB International）、检索系统、数据库收录。

2. 投稿内容

其主要栏目有技术基础理论、农业水土与土地整理工程、农业装备工程与机械化、农业信息技术与电气化、农业生物环境与能源工程、农产品加工与生物工程、综述及论坛、研究简报。期刊近十年文献的学科分布有农业工程、农业基础科学、农艺学、轻工业手工业、农作物、园艺、农业经济、计算机软件及计算机应用、环境科学与资源利用、自动化技术、植物保护、新能源、机械工业、畜牧与动物医学等。

3. 杂志影响因子

| 2016 年 | 2014 年 | 2012 年 | 2010 年 |
| --- | --- | --- | --- |
| 2.942 | 2.318 | 2.296 | 2.238 |

# 十二、食品工业科技

1. 杂志简介

《食品工业科技》杂志创刊于 1979 年,国家轻工业联合会(原轻工业部)主管,北京一轻研究院主办,综合性科技期刊,全国中文核心期刊,轻工行业优秀期刊,中国科技论文统计源期刊(中国科技核心期刊),《中国期刊网》《万方数据库》全文收录期刊,中文核心期刊,《中国科学引文数据库》来源期刊,RCCSE 中国权威学术期刊,中国知识资源总库,中国科技期刊精品数据库收录,美国《化学文摘》收录期刊,在中国食品行业具有权威性,代表着中国食品工业发展水平。《食品工业科技》既是反映当前国内外食品工业技术水平的窗口,又是新技术应用推广的桥梁,面向科研、生产,满足各层次需求。

2. 投稿内容

杂志内容集市场分析,技术探讨于一身,市场分析包括:专家导航、热点追踪、营销管理、法律案例、企业联办、企业报道、展会风景线、市场排行、资讯动态等,文章以宏观分析为主,旨在为企业决策者了解市场,拓展思路提供帮助。技术探讨包括:研究与探讨、生物工程、工艺技术、包装与机械、食品添加剂、食品添加剂、贮运保鲜、营养与保健、分析检测、专题综述等,以新技术及实用技术为核心,启发企业技术人员思路,开发新产品。近十年文献的学科分布有轻工业手工业、一般化学工业、有机化工、化学、中医学、生物学、工业经济、预防医学与卫生学、园艺、农作物等领域。

3. 杂志影响因子

| 2016 年度 | 2014 年度 | 2012 年度 | 2010 年度 |
|---|---|---|---|
| 1.021 | 0.741 | 0.709 | 0.813 |

## 十三、现代食品科技

1. 杂志简介

《现代食品科技》是由华南理工大学主办的食品类中文核心期刊,中文科技核心期刊,于 1985 年创刊,被英国《食品科学技术文摘》(FSTA, *Food Science and Technology Abstracts*)、荷兰《SCOPUS》数据库、美国《化学文摘》(CA, *Chemical Abstracts*)、美国《剑桥科学文摘(材料信息)》(CSA(MI))、《哥白尼索引》(IC)、美国《乌利希期刊指南》等世界著名数据库列为收录期刊。

2. 投稿内容

其主要栏目有基础研究、工艺技术、食品安全与检测、专题与论述。期刊近十年文献的学科分布有轻工业手工业、一般化学工业、化学、中药学、有机化工、生物学、预防医学与卫生学、园艺、水产和渔业、农作物、工业经济、畜牧业与动物医学、药学等。

3. 杂志影响因子

| 2016 年度 | 2014 年度 | 2012 年度 | 2010 年度 |
|---|---|---|---|
| 1.195 | 0.863 | 0.914 | 0.983 |

## 十四、中草药

1. 杂志简介

《中草药》杂志是由中国药学会和天津药物研究院共同主办的国家级期刊,月刊,国内外公开发行。中草药为中国自然科学核心期刊、全国中文核心期刊,位居中药学期刊之首。多年来一直入选美国《化学文摘》(CA)千刊表,并被美国《国际药学文摘》(IPA)、荷兰《医学文摘》(EM)、荷兰《斯高帕斯数据库》(*Scopus*)、美国《乌里希期刊指南》(*Ulrich's Periodicals Directory*)、世界卫生组织西太平洋地区医学索引(WPRIM)、波兰《哥白尼索引》(IC)、英国

《质谱学通报(增补)》(MSB-S)、日本科学技术振兴机构数据库(JST)、美国剑桥科学文摘社(CSA)数据库、英国《国际农业与生物科学研究中心文摘》和《全球健康》等国际著名检索系统收录。

2. 投稿内容

该刊辟有中药现代化论坛、专论、综述、短文、新产品、企业介绍、学术动态和信息等栏目。主要报道中草药化学成分;药剂工艺、生药炮制、产品质量、检验方法;药理实验和临床观察;药用动、植物的饲养、栽培、药材资源调查等方面的研究论文。突出报道中药新药研究的新理论、新成果、新技术、新方法和临床应用,促进中药现代化、标准化、国际化。期刊近十年文献的学科分布有中药学、农作物、化学、有机化工、中医学、医学教育与医学边缘学科、肿瘤学、药学、生物学、工业经济、基础医学、园艺、林业、植物保护等。

3. 杂志影响因子

| 2016 年度 | 2014 年度 | 2012 年度 | 2010 年度 |
| --- | --- | --- | --- |
| 1.297 | 1.513 | 1.345 | 1.188 |

## 十五、基因组学与应用生物学

1. 杂志简介

《基因组学与应用生物学》是由广西大学主管和主办,公开发行的双月刊科学期刊。《基因组学与应用生物学》是中国科技核心期刊、中国科学引文数据库来源期刊、《中文核心期刊要目总览》核心期刊及中国期刊方阵"双效"期刊、广西高校优秀学报。

2. 投稿内容

《基因组学与应用生物学》面向基因组学、分子遗传学、生化与分子生物学、生物信息学等基础学科领域,着重刊登农林科学、医药科学、动物科学、环境与生态科学以及生物学实验技术与方法等应用生物学领域的最新研究进展和成果,开设综述与专论、研究论文、新技术新基因新种质等栏目。期刊近十年文献的学科分布有生物学、农业基础科学、农作物、园艺、畜牧和动物医学、植物保护、肿瘤学、水产和渔业、林业、基础医学、中药学、环境科学与资源利用、临床医学、一般化学工业、外科学等。

3. 杂志影响因子

| 2016 年度 | 2014 年度 | 2012 年度 | 2010 年度 |
|---|---|---|---|
| 1.297 | 0.668 | 0.636 | 0.793 |